Meine bewä Lieblingsrezepte. Beigesteuert von den Damen und Freunden der St. Andrew's Church, Quebec

Verschieden

Writat

Diese Ausgabe erschien im Jahr 2024

ISBN: 9789361469183

Herausgegeben von
Writat
E-Mail: info@writat.com

Nach unseren Informationen ist dieses Buch gemeinfrei.
Dieses Buch ist eine Reproduktion eines wichtigen historischen Werkes. Alpha Editions verwendet die beste Technologie, um historische Werke in der gleichen Weise zu reproduzieren, wie sie erstmals veröffentlicht wurden, um ihre ursprüngliche Natur zu bewahren. Alle sichtbaren Markierungen oder Zahlen wurden absichtlich belassen, um ihre wahre Form zu bewahren.

Inhalt

Reime zum Erinnern ... .- 1 -
SUPPE. ....- 2 -
FISCH UND AUSTERN. ....- 9 -
FLEISCH. ....- 15 -
SPIEL. ....- 20 -
GEMÜSE. ....- 23 -
VORSPEISEN UND FLEISCH AUFGERÖSTET. ....- 29 -
SALATE UND SALATDRESSING. ....- 36 -
EIER. ....- 40 -
KÄSEGERICHTE. ....- 43 -
DER CHAFING DISH. ....- 44 -
KUCHEN. ....- 46 -
PUDDINGS. ....- 49 -
NACHSPEISEN. ....- 59 -
KUCHEN. ....- 66 -
Glasuren für Kuchen. ....- 78 -
LEBKUCHEN UND KLEINKUCHEN. ....- 80 -
SÜSSWAREN. ....- 85 -
GURKEN. ....- 87 -
KONSERVEN. ....- 91 -
GETRÄNKE. ....- 96 -
KOCHEN FÜR KRANKE. ....- 99 -
BROT, BRÖTCHEN, KRABBEUTEL. ....- 101 -

Reime zum Erinnern ...

"Benutzen Sie zu Lachs immer Hummersauce,
und geben Sie Minzsauce auf Ihr gebratenes Lamm.
Beachten Sie beim Anrichten von Salaten dieses Gesetz: Verwenden Sie
bei zwei harten Eigelben eines roh.
Schweinebraten ohne Apfelsauce ist zweifellos
Hamlet, der den Prinzen ausgelassen hat.
Grillen Sie Ihr Beefsteak leicht – es zu braten, zeugt von Verachtung der christlichen
Ernährung.
Wahre Genießer bekommen die Begierde,
gekochtes Hammelfleisch ohne Kapern
zu sehen. Feinschmecker wissen, dass gekochter Truthahn mit Selleriesauce
natürlich exquisit
schmeckt. In Paste gebraten könnte eine Hammelkeule
Asketen zum Vielfraß machen.
Wenn man junge Hühner röstet, verdirbt man sie,
man muss sie nur am Rücken aufschneiden und braten.
Gefüllter und gebackener Maifisch ist am köstlichsten,
das hätte Apicius elektrisiert.
Servieren Sie gebratenes Kalbfleisch mit reichhaltiger Brühe und auch eingelegten Pilzen,
beachten Sie,
Der Koch verdient eine herzhafte Tracht Prügel, der gebratenes Geflügel mit
geschmackloser Füllung serviert.
Aber man könnte Ich werde wochenlang auf diese Weise reimen und
habe noch eine Menge zu sagen.
Und so schließe ich für meinen Leser: „Dies ist ungefähr die Stunde zum Abendessen."

SUPPE.

„Die besten Suppen werden aus einer Mischung vieler Geschmacksrichtungen zubereitet. Scheuen Sie sich nicht , damit zu experimentieren. Wenn Sie einen Fehler machen, werden Sie überrascht sein, wie viele erfolgreiche Varianten Sie herstellen können. Wenn Sie einen würzigen Geschmack mögen , versuchen Sie es mit zwei oder drei Gewürznelken, Piment oder Lorbeerblättern. Alle Suppen werden durch eine Prise Zwiebel aufgewertet , es sei denn, es handelt sich um weiße Suppen oder Pürees aus Huhn, Kalbfleisch, Fisch usw. In diesen kann Sellerie verwendet werden. In nichts kann eine Haushälterin so sparsam mit den Essensresten umgehen wie in Suppen. Eine der besten Köchinnen hatte die Angewohnheit, alles aufzuheben, und verkündete eines Tages, als ihre Suppe besonders gelobt wurde , dass sie die Krümel von Lebkuchen aus ihrer Kuchenschachtel enthielt! Rahmzwiebeln, die vom Abendessen übrig geblieben waren, oder ein wenig gedünsteter Mais, Kartoffelbrei, ein paar gebackene Bohnen – sogar ein kleines Schälchen Apfelmus haben den Geschmack einer Suppe oft verbessert. Natürlich können alle guten Fleischsoßen oder Knochen von gebratenem oder gekochtem Fleisch hinzugefügt werden. in Ihren Suppentopf . In Tomatensuppe braucht man immer ein wenig Butter . Verwenden Sie bei der Zubereitung der Brühe einen Liter Wasser pro Pfund Fleisch und Knochen. Schneiden Sie das Fleisch in Stücke, knacken Sie die Knochen, geben Sie alles in den Kessel, übergießen Sie es mit der richtigen Menge kaltem Wasser und lassen Sie es vor dem Kochen eine Weile auf der Rückseite des Herdes einweichen. Lassen Sie die Suppe langsam kochen, aber nicht zu stark (eine Stunde pro Pfund Fleisch) und passieren Sie sie durch ein Sieb oder ein grobes Tuch. Lassen Sie das Fett nie auf Ihrer Suppe zurück. Lassen Sie es kalt werden und heben Sie es ab oder schöpfen Sie es heiß ab.

BRAUNE LAGER.
FRAU W. COOK.

Vier Pfund Rinderwade oder anderes Fleisch und Knochen – vier Karotten, vier Zwiebeln, eine Steckrübe, ein kleiner Selleriekopf, ein halber Esslöffel Salz, ein halber Teelöffel Pfefferkörner, sechs Gewürznelken, fünf Pint kaltes Wasser. Den Fleischknochen zerschneiden und in einen großen Topf geben, mit Wasser übergießen, beim Kochen abschöpfen, das Gemüse vorbereiten und in den Topf geben; fest verschließen und vier Stunden langsam kochen lassen. Die Gewürze sollten zusammen mit dem Gemüse hinzugefügt werden .

SAHNE SELLERIE SUPPE.
FRAU ERNEST F. WURTELE.

Ein Liter Hühner- oder Kalbsbrühe; ein Liter Milch; eine halbe Tasse Reis; ein Teelöffel Salz; ein Kopf Sellerie; Gewürze. Verwenden Sie für diese Suppe einen Liter Hühner- oder Kalbsbrühe und etwa einen Liter Milch; verlesen und waschen Sie den Reis, spülen Sie ihn gut in kaltem Wasser ab und geben Sie ihn mit einem halben Liter Milch und einem Teelöffel Salz in einen dicken Topf über dem Feuer; waschen Sie einen Kopf Sellerie und reiben Sie die weißen Stiele, lassen Sie den geriebenen Sellerie so weit in die Milch fallen, dass er bedeckt ist; geben Sie den geriebenen Sellerie zum Reis und lassen Sie beides leicht köcheln, bis der Reis weich genug ist, um ihn mit einem Kartoffelstampfer durch ein Sieb zu streichen. Geben Sie mehr Milch hinzu, wenn der Reis die vorherige Milch aufnimmt. Nachdem der Reis durch das Sieb gerieben wurde, geben Sie ihn wieder in den Kochtopf, stellen Sie ihn erneut auf das Feuer und rühren Sie nach und nach den Liter Brühe oder Fond darunter. Wenn diese Menge Brühe die Suppe nicht zu einer cremigen Konsistenz verdünnt, fügen Sie ein wenig Milch hinzu. Lassen Sie die Suppe kochend heiß werden, würzen Sie sie mit Salz, weißem Pfeffer und ganz wenig geriebener Muskatnuss und servieren Sie sie sofort.

SELLERIESUPPE.
FRAU STOCKING.

Vier große Kartoffeln, drei große Zwiebeln, sechs oder acht Stangen Sellerie. Das Gemüse sehr fein hacken, in einen Tonkessel geben und mit kochendem Wasser bedecken. Häufig umrühren, bis es gar ist. Dann einen Liter Milch hinzugeben und aufkochen lassen. Butter, Pfeffer und Salz nach Geschmack hinzufügen. Dieses Rezept reicht für sechs Personen.

HÜHNERCREMESUPPE.
FRAU DUNCAN LAURIE.

Nehmen Sie den Kadaver eines gebratenen Huhns oder Truthahns, brechen Sie die Knochen, bedecken Sie ihn mit einem Liter kaltem Wasser und lassen Sie ihn zwei Stunden köcheln. Geben Sie dabei kochendes Wasser hinzu, um die ursprüngliche Menge beizubehalten. Abseihen und zurück in den Kessel geben. Fügen Sie eine gehackte Zwiebel, zwei geriebene rohe Kartoffeln, eine halbe kleine geriebene Rübe und eine halbe Tasse Reis hinzu. Kochen, bis der Reis sehr weich ist. Nochmals abseihen und zurück in den Kessel geben und aufkochen lassen. Fügen Sie einen halben Liter Milch, einen Teelöffel Maisstärke, glatt gerieben in einem Esslöffel Butter und ein wenig Salz und Pfeffer hinzu und servieren Sie das Gericht heiß.

CONSOMME À LA TOLEDO – KLARE SUPPE.

Fräulein Stevenson.

Ein Liter Brühe, zwei Eier, zwei Gewürzgurken, ein wenig rote und grüne Lebensmittelfarbe, zwei Esslöffel Sahne, Eiweiß und Schale von zwei Eiern, ein Glas Sherry und ein wenig Muskatnuss. Die beiden ganzen Eier verquirlen und die (heiße) Sahne darübergießen. Die Vanillecreme mit Pfeffer, Salz und Muskatnuss würzen, die Hälfte rot und die andere Hälfte grün färben, beide Teile in gebutterte Formen geben und in heißem Wasser pochieren, bis sie fest ist. Eiweiß und Schale der Eier mit ein wenig kaltem Wasser verquirlen, zur Brühe geben, in einen Topf geben und über dem Feuer zum Kochen bringen; auf eine Seite ziehen lassen und zehn Minuten köcheln lassen. Die Vanillecreme in Formen schneiden, dann in warmem Wasser abspülen, die Gewürzgurken zerkleinern, die Suppe abseihen, den Wein hinzufügen und kurz vor dem Servieren garnieren.

BLUMENKOHLSUPPE.

Ein Blumenkohl, zwei Eigelb, ein halber Liter Sahne, ein Liter Hühnerbrühe. Brühe und Blumenkohl zusammen zwanzig Minuten kochen, den Blumenkohl herausnehmen, einige der besten Teile beiseite legen, den Rest durch ein Sieb passieren, Eigelb und Sahne vermischen, zur Suppe geben, alles in einen Topf geben und über dem Feuer rühren, bis es anfängt einzudicken, die Blumenkohlstücke in eine Terrine geben und die Suppe darübergießen; die Brühe, die in dieser Suppe verwendet wird, schmeckt am besten ohne anderes Gemüse.

FISCHSUPPE.

Zwei Pfund rohen Fisch, ein Esslöffel Petersilie, eineinhalb Unzen Butter, eine Unze Reismehl, ein halber Liter Milch, ein Liter Wasser, Pfeffer und Salz. Gräten und Haut des Fisches eine halbe Stunde lang zusammen kochen. Abgießen, Butter in einem Topf schmelzen, das Mehl hineinrühren und abgesiebtes Wasser aus dem Topf hinzufügen. Den Fisch in kleine Stücke schneiden, hinzufügen, ebenfalls salzen und pfeffern, zehn Minuten langsam kochen, in der letzten Minute Petersilie hinzufügen.

Innereiensuppe.
FRAU BEEMER.

Innereien von zwei oder drei Hühnern; zwei Liter Wasser; ein Liter Brühe; zwei Esslöffel Butter, ebenso Mehl; Salz, Pfeffer und Zwiebeln, falls gewünscht. Die Innereien im Wasser zum Kochen bringen und leicht kochen, bis die Flüssigkeit auf einen Liter reduziert ist (etwa zwei Stunden); die Innereien herausnehmen, harte Teile abschneiden und den Rest fein hacken. Zurück in die Flüssigkeit geben und Brühe hinzufügen. Butter und Mehl zusammen kochen, bis sie satt braun sind, und zur Suppe geben;

würzen, eine halbe Stunde leicht kochen; eine halbe Tasse Semmelbrösel einrühren und in wenigen Minuten heiß servieren.

NIERENSUPPE.

Fräulein Stevenson.

Eine Ochsenniere, ein Liter zweite Brühe oder Wasser, ein Esslöffel Hardy-Sauce, ein Esslöffel Pilzketchup, eine Unze Butter, eine Unze Reismehl, Pfeffer, Salz und Cayennepfeffer. Die Niere waschen und trocknen, in dünne Scheiben schneiden; Mehl, Pfeffer und Salz vermischen und die Niere darin wälzen. Kurz in der Butter anbraten, mit der Brühe übergießen und beim Kochen abschöpfen. Sauce hinzufügen und zwei Stunden langsam köcheln lassen.

LINSENSUPPE.

FRAU THEOPHILUS OLIVER.

Ein halbes Pfund Linsen, eine Karotte, eine Zwiebel, eine Unze Bratenfett, Salz, Pfefferkörner, ein Liter Wasser, ein Esslöffel Mehl. Die Linsen über Nacht einweichen lassen, gut waschen, Karotte und Zwiebel schälen und kleinschneiden. Das Bratenfett in einen Topf geben und, wenn es warm ist, Gemüse, Linsen und Mehl hineingeben. Fünf Minuten lang umrühren, bis das ganze Fett absorbiert ist, dann das warme Wasser und einige in ein Stück Musselin gebundene Kräuter hinzufügen. Eine Stunde oder länger kochen lassen. Durch ein Sieb reiben und in den Topf zurückgeben. Aufwärmen und servieren.

OCHSENSCHWANZSUPPE.

FRAU W. COOK.

Teilen Sie einen Ochsenschwanz in 3,8 cm lange Stücke; schmelzen Sie 28 Gramm Butter in einem Schmortopf und braten Sie die Stücke darin unter ständigem Wenden fünf Minuten lang. Geben Sie zwei Liter Brühe oder Wasser hinzu und bringen Sie das Ganze langsam zum Kochen. Geben Sie einen Teelöffel Salz hinzu und entfernen Sie vorsichtig den aufsteigenden Schaum. Geben Sie eine Karotte, eine Steckrübe und eine Zwiebel mit zwei Zehen hinein, ein wenig Sellerie, ein Stück Muskatblüte und ein kleines Bündel Garum hinzu. Lassen Sie alles zweieinhalb Stunden leicht dünsten. Gießen Sie die Suppe ab und legen Sie die Ochsenschwanzstücke in kaltes Wasser, um sie vom Fett zu befreien. 3,8 Gramm Mehl mit ein wenig kaltem Wasser glatt verrühren, zur Brühe geben und zwanzig Minuten sieden lassen. Geben Sie nach Belieben ein wenig Cayennepfeffer, ein paar Tropfen Zitronensaft und ein Glas Portwein hinzu und servieren Sie das Ganze.

AUSTERNSUPPE.

FRÄULEIN MIRIAM STRANG.

Ein Liter kochendes Wasser, ein Liter Milch, eine Teetasse gerollte Crackerbrösel hineinrühren, mit Pfeffer und Salz abschmecken. Wenn alles kocht, einen Liter Austern hinzufügen; gut umrühren, damit nichts anbrennt, dann ein Stück Butter in der Größe eines Eies hinzufügen; einmal aufkochen lassen und dann sofort vom Herd nehmen.

ERBSENCREMESUPPE.
FRÄULEIN RUTH SCOTT.

Eine Dose Erbsen, ein halber Liter Wasser und ein sehr kleines Stück Zwiebel etwa zwanzig Minuten kochen lassen, abseihen und durch ein Sieb streichen. Zwei Esslöffel Butter und einer Mehl gut vermischen. Zu den Erbsen geben. Zuletzt einen halben Liter oder *mehr kochende Milch hinzugeben*. Auf den Herd stellen, bis es eindickt, aber darauf achten, dass es nicht kocht.

PALÄSTINA-SUPPE.
FRAU W. COOK.

Zwei Pfund Artischocken waschen und schälen und mit einer Scheibe Butter, zwei oder drei Streifen abgebrühter und abgeschabter Speckschwarte und zwei Lorbeerblättern in einen Schmortopf geben. Den Deckel auf den Schmortopf setzen und das Gemüse acht oder zehn Minuten über dem Feuer „schwitzen" lassen. Dabei den Topf gelegentlich rütteln, damit es nicht anbrennt. Wasser aufgießen, sodass die Artischocken bedeckt sind, und sanft dünsten, bis sie weich sind. Die Artischocken durch ein Sieb reiben, die Flüssigkeit, in der sie gekocht wurden, unterrühren, die Suppe erhitzen und kochende Milch hinzugeben, bis sie so dick wie Sahne ist. Mit Pfeffer und Salz abschmecken. Kurz vor dem Servieren ein Viertel Pint heiße Sahne unter die Suppe mischen. Diese Zugabe ist wertvoll, kann aber auch weggelassen werden.

PÜREE AUS KLEINEM GLAS.
Fräulein Stevenson.

Ein Pint grüne Erbsen, zwei Eigelb, ein Kilo Sahne, eineinhalb Pinten Brühe, Salz und Pfeffer. Die Flüssigkeit von den Erbsen abgießen, sie mit der Brühe in einen Topf geben und zwanzig Minuten köcheln lassen; dann durch ein Sieb passieren, zurück in den Topf gießen, Eigelb, Sahne, Pfeffer und Salz hinzufügen und über dem Feuer rühren, bis es anfängt, einzudicken; nicht kochen lassen. Ein mit den Erbsen gekochter Minzzweig ist eine große Bereicherung.

Fleischpüree.

Vier Unzen Kalbsfleisch, ein halber Liter Brühe, eine Unze Butter, eine Unze Mehl, Eigelb von zwei Eiern, einige Tropfen Zitronensaft, ein halber Liter Schlagsahne. Kalbfleisch und Butter in einem Topf vermischen, Mehl hinzufügen, dann nach und nach die Brühe (heiß) aufkochen lassen. Eigelb vermischen und nach und nach die Sahne, einige Tropfen Cochenille, Salz und Pfeffer hinzufügen, den Inhalt des Topfes sehr vorsichtig darübergießen.

TOMATENSUPPE.

FRAU HENRY THOMSON.

Ein Pint gedünstete Tomaten, eine Prise Soda hinzufügen und umrühren, bis es nicht mehr schäumt, dann ein Pint kochendes Wasser und ein Pint Milch hinzufügen, abseihen und auf den Herd stellen. Wenn es fast kocht, einen Esslöffel Maisstärke hinzufügen, mit ein wenig kalter Milch, einem Esslöffel Butter, ein wenig Pfeffer und Salz nach Geschmack anfeuchten.

TOMATENSUPPE.

FRÄULEIN EDITH HENRY.

Nehmen Sie eine Dose Tomaten und geben Sie einen halben Liter Wasser hinzu. Lassen Sie das Ganze eine halbe Stunde lang kochen, bis die Tomaten gut zerkleinert sind. Geben Sie einen Esslöffel Maisstärke hinzu, die Sie in etwas kaltem Wasser aufgelöst haben, und verrühren Sie alles gut. Würzen Sie das Ganze mit Salz und Pfeffer und einer halben kleinen Zwiebel. Geben Sie dann einen Liter Milch hinzu. Lassen Sie das Ganze kochen und rühren Sie gut um, damit es sich vermischt. Achten Sie darauf, dass nichts am Topfboden anbrennt.

TÜRKISCHE SUPPE.

FRAU W. COOK.

Ein Liter weiße Brühe, eine halbe Teetasse Reis, Eigelb von zwei Eiern, ein Esslöffel Sahne, Salz und Pfeffer. Bei der Zubereitung dieser Suppe den Reis zuerst zwanzig Minuten lang in der Brühe kochen. Dann alles durch ein Drahtsieb passieren und mit einem Löffel eventuell festsitzende Reisreste durchreiben, dann gründlich umrühren, um eventuell gebildete Reisklumpen zu entfernen, und alles wieder in den Kochtopf geben. Eigelb, Sahne, Pfeffer und Salz müssen nun gut verrührt und der Brühe und dem Reis hinzugefügt werden . Das Ganze zwei Minuten lang über dem Feuer umrühren. Dabei darauf achten, dass die Eier nach dem Einlegen nicht kochen, da sie sonst gerinnen. Diese Suppe sollte sehr heiß serviert werden und schmeckt ausgezeichnet.

Schildkrötenbohnensuppe.

FRAU FRASER.

Ein Pint schwarze Bohnen, in zwei Liter Wasser kochen, eine Zwiebel, zwei Karotten, ein kleiner Teelöffel Piment, fünf oder sechs Gewürznelken, ein kleines Stück Speck oder Schinken. Ein guter Knochen vom Roastbeef oder Hammelfleisch, alles etwa zwei Stunden kochen lassen, bis es ganz zart ist. Dann in ein Sieb geben, den Knochen herausnehmen und den Rest mit einem Holzlöffel durch das Sieb reiben, wenn es zu dick ist, etwas Brühe oder Wasser hinzufügen. Einige Fleischbällchen können hinzugefügt werden.

FISCH UND AUSTERN.

„Nun gute Verdauung warten auf Appetit,
Und Gesundheit für beide." – MACBETH.

REGELN FÜR DIE FISCHAUSWAHL.

Wenn die Kiemen rot, die Augen voll und der ganze Fisch fest und steif sind, ist er frisch und gut; wenn hingegen die Kiemen blass, die Augen eingefallen und das Fleisch schlaff sind, ist er abgestanden.

GEBACKENER KABELJAU.

FRAU DAVID BELL.

Wählen Sie einen frischen Kabeljau in guter Größe, bereiten Sie ihn zum Kochen vor, ohne ihn zu köpfen, füllen Sie das Innere mit einer Füllung aus Semmelbröseln, einer fein gehackten Zwiebel, etwas gehacktem Nierenfett, Pfeffer und Salz und befeuchten Sie alles mit einem Ei. Nähen Sie den Fisch zu und backen Sie ihn, wobei Sie ihn mit Butter oder Bratenfett bestreichen. Wenn Sie Butter verwenden, achten Sie darauf, dass Sie nicht zu viel Salz verwenden.

GEBACKENER KABELJAU.

FRAU RM STOCKING.

Suchen Sie sich eine Tasse sehr feinen Kabeljau aus; legen Sie ihn mehrere Stunden in kaltes Wasser; halten Sie zwei Tassen Kartoffelpüree bereit und vermischen Sie alles gut mit einem Ei, einer Tasse Milch, einer halben Tasse Butter, etwas Salz und Pfeffer; geben Sie alles in eine Auflaufform und bedecken Sie die Oberseite mit Semmelbröseln; befeuchten Sie es mit Milch; backen Sie es eine halbe Stunde lang.

FISCH MIT CURRY.

FRAU W. COOK.

Ein Pfund gekochter Weißfisch, ein Apfel, zwei Unzen Butter, eine Zwiebel, ein Pint Fischbrühe, ein Esslöffel Currypulver, ein Esslöffel Mehl, ein Teelöffel Zitronensaft oder Essig, Salz und Pfeffer, sechs Unzen Reis. Apfel und Zwiebel in Scheiben schneiden und in einer Pfanne mit etwas Butter anbraten, Mehl und Currypulver unterrühren, Brühe nach und nach hinzufügen; beim Kochen abschöpfen und eine halbe Stunde langsam köcheln lassen, Zitronensaft und einen sehr kleinen Teelöffel Zucker unterrühren; abseihen und in den Kochtopf zurückgeben, Fisch in ordentliche Stücke schneiden und ebenfalls in den Kochtopf geben, wenn das Gericht ziemlich heiß ist, mit einem Rand aus Reis.

FISCHCREME.
FRAU JG SCOTT.

Eine Dose Lachs, ein Liter Milch, eine Tasse Mehl, eine Tasse Butter, drei Eier, eine Tasse Semmelbrösel, eine halbe Tasse geriebener Käse, eine Zwiebel, ein Bund Petersilie, zwei Lorbeerblätter. Nehmen Sie den Dosenlachs oder kochen Sie einen Fisch, und wenn er abgekühlt ist, entfernen Sie die Gräten und brechen Sie den Fisch in kleine Stücke. Bringen Sie einen Liter Milch, eine Zwiebel, ein Bund Petersilie und zwei Lorbeerblätter zum Kochen. Nach dem Kochen durch ein Sieb passieren, dann eine Tasse Mehl, das mit kalter Milch glatt verrührt wurde, und eine Tasse Butter hinzufügen. Drei Eier verquirlen und in die Mischung geben. In eine Auflaufform abwechselnd Schichten aus Fisch und Sahne geben, bis die Form voll ist, wobei Sahne oben und unten drauf ist. Eine Tasse Semmelbrösel und eine halbe Tasse geriebenen Käse darauf geben. Mit Salz und Cayenne-Pfeffer abschmecken. Zwanzig Minuten backen.

FISCHFORM.
FRAU A. COOK.

Kochen Sie einen frischen Schellfisch, entfernen Sie die Gräten und rupfen Sie ihn in Stücke, weichen Sie etwas Brot in Milch ein; geben Sie Fisch, Brot, ein kleines Stück Butter, ein oder zwei Eier, Pfeffer und Salz in eine Schüssel und verrühren Sie alles gut miteinander. Geben Sie die Mischung in eine Form und lassen Sie sie dämpfen, stürzen Sie sie heraus und garnieren Sie sie mit Petersilie. Tomatensoße schmeckt gut, wenn sie nach dem Stürzen rund um die Form gegossen wird. Der Fisch sollte etwa doppelt so viel wie das Brot sein.

TOMATENSAUCE.

Sechs Tomaten, zwei Unzen Butter, eine halbe Unze Mehl, ein halber Liter Brühe, ein Teelöffel Salz, ein viertel Teelöffel Pfeffer. Die Tomaten in einen Topf geben und mit der Brühe übergießen, Salz und Pfeffer hinzufügen. Den Topf aufs Feuer stellen und alles eine halbe Stunde lang langsam kochen lassen. Ein Drahtsieb über eine Schüssel stellen und die Tomaten und die Brühe durch das Sieb reiben. Die Butter in einem Topf schmelzen, das Mehl hinzufügen und gut verrühren, über die Tomaten und die Brühe gießen und alles auf dem Feuer umrühren , bis es kocht, wenn die Soße gebrauchsfertig ist. Tomaten aus der Dose brauchen nicht so lange zum Kochen.

FISCH JAKOBSMUSCHEL.
FRÄULEIN RUTH SCOTT.

Reste von kaltem Fisch jeglicher Art, ein halber Liter Sahne, ein halber Esslöffel Sardellensauce, ein halber Teelöffel Senf, ein halber Teelöffel Walnussketchup, Pfeffer und Salz, Semmelbrösel. Alle Zutaten in einen Schmortopf geben und den Fisch vorsichtig von den Gräten lösen; aufs Feuer stellen, fast heiß werden lassen und gelegentlich umrühren. Dann in eine tiefe Schüssel geben, mit Brot und kleinen Butterstückchen bestreichen; in den Ofen stellen, bis er fast gebräunt ist. Heiß servieren.

FISCHPASTETE.
FRAU ANDREW THOMSON.

Kochen Sie einen Schellfisch, nehmen Sie den besten Teil des Fisches, einen halben Liter Milch und ein Stück Butter so groß wie ein Ei, eine halbe Tasse Mehl, zwei Eigelb, rühren Sie alles zusammen und vermischen Sie es dann gut mit dem Fisch. Geben Sie es in eine Puddingform, nehmen Sie eine halbe Tasse Semmelbrösel und eine halbe Tasse geriebenen Käse, stellen Sie es zehn Minuten lang in den Ofen und würzen Sie mit Salz und Pfeffer.

HERINGE IM TOPF.
FRAU DAVID BELL.

Schuppen und säubern Sie frische Heringe. Dann fassen Sie den Fisch am Schwanz, damit Sie das Rückgrat leicht entfernen können, indem Sie es in Richtung Kopf ziehen. Die kleineren Gräten schmelzen im Essig. Entfernen Sie die Köpfe und rollen Sie jeden Fisch mit dem Schwanzende nach innen auf. Wickeln Sie einen Faden um jede Rolle. Legen Sie sie in das Gefäß, in dem sie bis zur Verwendung bleiben sollen. Ein Steinguttopf ist am besten geeignet. Kochen Sie die Heringe mit so viel Essig, dass sie siedend heiß sind, gießen Sie ihn über die Fische und halten Sie sie etwa eine Stunde lang auf dem Herd heiß, bis sie gut durchgegart sind. Lassen Sie sie nicht kochen, sonst zerbrechen sie. An einem kühlen Ort aufbewahren. Gewürze: ganzer weißer Pfeffer, ganzer Piment und eine Muskatblüte, wenn Sie sie mögen .

HUMMERKOTELETTEN.
FRAU FARQUHARSON SMITH.

Den Hummer fein hacken, mit Pfeffer und Salz würzen und mit flüssiger Butter gut andicken. So viel mit dem Hummer vermischen, dass alles zusammenklebt. Mit den Händen zu Koteletts formen, in Semmelbröseln wälzen und in heißem Schmalz braten.

Die Soße: — Einen eher dünnen Vanillepudding zubereiten, mit Pfeffer, Salz und etwas Muskatnuss und gehackter Petersilie würzen und über die Schnitzel geben.

HUMMER-EINTOPF.
FRAU ERNEST F. WURTELE.

Nehmen Sie einen gekochten Hummer, spalten Sie ihn auf, schneiden Sie das Fleisch in kleine Stücke und geben Sie es mit einem halben Liter Milch in einen Topf. Wenn es kocht, geben Sie zwei Esslöffel Mehl hinzu, das in etwas Wasser aufgelöst ist, und lassen Sie es zehn Minuten kochen. Mit Salz, Pfeffer und einem kleinen Stück Butter würzen. Kurz vor dem Servieren gießen Sie ein Weinglas Sherry hinzu. Mit Dosenhummer können Sie sehr gute Ergebnisse erzielen .

Austernkuchen. – BERÜHMT.

Eine Tasse geschmolzene Butter wird in einen ausgekleideten Kochtopf gegeben, dazu drei Esslöffel Mehl, die gut in die Butter eingerieben werden, ein halber Teelöffel Muskatblüte, ein wenig Pfeffer und Salz. Der Saft der Austern wird hineingegeben, um ihn dünn zu machen, und nach und nach ein Liter kochende Milch auf einen Liter Austern. Zuletzt werden die Austern sehr vorsichtig hineingegeben und sehr kurz gekocht. Das Ganze ist ziemlich dick und wird dann in eine Kuchenform mit Kuchenkruste darüber gegeben; eine Tasse Sahne wird hineingegeben, kurz bevor die Austern in die Kuchenform geleert werden.

Austernkuchen oder -pastetchen.
FRÄULEIN MA RITCHIE.

Kruste: – Ein Pfund Butter, ein Pfund Mehl, eine halbe Tasse Wasser. Soße: – Ein Esslöffel Butter, zwei Esslöffel Mehl, eine Tasse Sahne oder Milch, ein Pint Austern.

Geschnetzelte Austern.
MADAME JT

Die Form mit Butter bestreichen, den Boden der Form mit Semmelbröseln bedecken , eine Schicht Austern darauflegen, mit Pfeffer und Salz würzen, dann Semmelbröseln und Austern darauflegen, bis drei Schichten entstanden sind. Mit Semmelbröseln abschließen, die Oberseite mit kleinen Butterstücken bedecken und eine halbe Stunde backen.

RAHMENAUSTERN AUF TOAST.

FRAU RM STOCKING.

Ein Liter Milch, zwei Esslöffel Mehl, drei Esslöffel Butter, Pfeffer und Salz. Milch in einen Wasserbad geben, Butter und Mehl gründlich verrühren, etwas kalte Milch hinzufügen und dann in die heiße Milch einrühren; kochen: Ein Pint Austern, etwa fünf Minuten in der Flüssigkeit köcheln lassen, dann abschöpfen und in die Sahnesauce geben. Dünne Scheiben knusprigen Toasts zubereiten, auf eine vorgewärmte Platte legen, über die Rahmaustern gießen und sofort servieren. Köstlich.

AUSTERNKROKETTEN.

Fräulein Stevenson.

25 Austern, ein Esslöffel gehackte Petersilie, 85 g Butter, 40 g Mehl, ein Kilo Milch oder Sahne, ein Teelöffel Zitronensaft, ein Ei, drei Esslöffel Semmelbrösel, Salz und Pfeffer. Die Austern fünf Minuten in ihrer eigenen Flüssigkeit kochen, in grobe Stücke schneiden, die Butter in einem Topf schmelzen, das Mehl einrühren, nach und nach Sahne und auch Austernflüssigkeit hinzufügen, zwei Minuten kochen lassen, dann Petersilie, Pfeffer und Salz hinzufügen, die Austern hineingeben und die Mischung abkühlen lassen. Dann auf einem leicht bemehlten Brett Kroketten daraus formen. In geschlagenem Ei und Semmelbrösel wälzen und zwei Minuten in heißem Fett braten.

GEFORMTER LACHS.

Fräulein Marion Stowell Pope.

Eine Dose gehackter Lachs, eine Tasse feine Semmelbrösel, vier in vier Esslöffel geschmolzene Butter aufgeschlagene Eier, ein Teelöffel gehackte Petersilie, Pfeffer und Salz nach Geschmack. In eine einfache gebutterte Form geben und mit Mehl bestäuben, abdecken und eine Stunde dämpfen.

Soße für das Obige: — Ein Teelöffel Maisstärke, ein wenig Butter, eineinhalb Tassen Milch, Pfeffer, Salz und Muskatnuss nach Geschmack. Etwas Tomatenketchup oder Sardellensoße hinzufügen. Wenn es kocht, ein gut verquirltes Ei hinzufügen; in die Form gießen und heiß servieren.

RAHMLACHS.

FRAU H. BARCLAY.

Man kann fein gehackten Lachs dazugeben und die Flüssigkeit abgießen. Für das Dressing 1 Pint Milch, 2 Esslöffel Butter, Salz und Pfeffer nach Geschmack aufkochen. 1 Pint Semmelbrösel bereitstellen, eine Schicht auf den Boden der Form legen, dann eine Schicht Fisch, dann eine Schicht Dressing und so weiter, die Brösel für die letzte Schicht übrig lassen und backen, bis sie braun sind.

FLEISCH.

FLEISCH.
FRAU DAVID BELL.

Um ein Beefsteak zart zu machen, reiben Sie etwa eine Stunde vor dem Braten eine Prise Backpulver auf jede Seite des Steaks und rollen Sie es in der Zwischenzeit auf. Eine sehr kleine Prise brauner Zucker, die auf die gleiche Weise verwendet wird, ist gut, aber das Soda ist vorzuziehen.

FLEISCHKLÖSSCHEN.
FRAU WADDLE.

Kartoffeln fein zerstampfen, durch ein Sieb passieren, Eigelb von zwei Eiern, 30 ml Butter, Pfeffer und Salz unterrühren. Rindfleisch oder Zunge fein hacken. Alles gut miteinander vermengen, etwas Petersilie dazugeben, zu Kugeln formen, mit Ei und Semmelbröseln bedecken und in heißem Schmalz ausbacken. Vor dem Feuer auf Papier trocknen lassen. Sehr gut.

GEWÜRZTES RINDFLEISCH.

Reiben Sie eine 40 Pfund schwere Scheibe gut mit drei Unzen Salpeter ein, lassen Sie sie sechs oder acht Stunden stehen, zerstampfen Sie drei Unzen Piment, ein Pfund schwarzen Pfeffer, zwei Pfund Salz und sieben Unzen braunen Zucker; reiben Sie das Rindfleisch gut mit Salz und Gewürzen ein. Lassen Sie es 14 Tage stehen, wenden Sie es jeden Tag und reiben Sie es mit der Salzlake ein, waschen Sie dann die Gewürze ab und geben Sie es in eine tiefe Pfanne. Schneiden Sie sechs Pfund Nierenfett in kleine Stücke, geben Sie einige davon auf den Boden der Pfanne, den größeren Teil oben drauf, bedecken Sie es mit grober Paste und backen Sie es acht Stunden; wenn es kalt ist, nehmen Sie die Paste ab, gießen Sie die Soße darüber, sie ist sechs Monate haltbar.

GEWÜRZTES RINDFLEISCH.
Fräulein Je Fraser.

Zwei Pfund rohes Steak aus der Keule, frei von Knochen, Fett oder Sehnen, sehr fein gehackt, sechs fein gerollte Soda-Kekse, eine Tasse Milch, zwei in einem Esslöffel Salz verquirlte Eier, ein Esslöffel Pfeffer und nach Belieben etwas Gewürze. Fetten Sie ein Tongefäß mit einer Größe von mindestens der gleichen Größe ein und drücken Sie die Mischung ganz leicht hinein. Mit Butter bedecken, die einen halben Zoll dick ist. Bedecken Sie das Gefäß mit einem Teller und backen Sie es zwei Stunden lang im Ofen. Ganz oder in Scheiben geschnitten servieren. Schmeckt kalt am besten.

RINDFLEISCH NACH MODERNEM MODERNEM GERICHT.
FRAU, ES IST SMYTHE.

vier Zoll große Würfel mit einer Dicke von zwei bis drei Zoll geschnitten, fein gehackte Zwiebeln, einen Teelöffel Salz und einen halben Teelöffel Pfeffer hinzufügen, mit kochendem Wasser bedecken, in ein Glas geben und zwei Stunden im Ofen garen.

RINDFLEISCH-OLIVEN.
FRAU GEORGE M. CRAIG.

Dünne Steakscheiben in handtellergroße Quadrate schneiden, eine Hähnchen-ähnliche Sauce zubereiten, backen, dann auf das Steak und das Brötchen geben, mit etwas Zwiebel und Butter in etwas Wasser in den Topf geben und eineinhalb bis zwei Stunden köcheln lassen.

KALTE FLEISCHKOTELETTS.
FRAU A. COOK.

Ein halbes Pfund kaltes Fleisch oder Hühnchen, eine Unze Butter, eine Unze Mehl, eine Gill weiße Brühe, ein Teelöffel gehackte Petersilie, ein halber Salzlöffel geriebene Muskatnuss, ein kleiner Teelöffel Salz, ein Salzlöffel Pfeffer, geriebene Schale einer halben kleinen Zitrone. Das Hühnchen zweimal durch den Fleischwolf drehen, dann die Butter schmelzen, das Mehl hineinrühren, ganz glatt rühren und Brühe hinzufügen, nicht bräunen lassen, umrühren, bis es kocht und zwei Minuten kochen lassen, das Hühnchen hinzufügen (wenn es richtig gekocht ist, wird es sich klar aus dem Topf lösen), Pfeffer, Salz, Muskatnuss, Petersilie und Zitrone hinzufügen und zum Abkühlen beiseite stellen. Bei kaltem Rindfleisch ist ein Teelöffel Sardellenessenz oder -paste eine Verbesserung, bei Hammelfleisch ein Teelöffel Pilzketchup. Wenn die Masse abgekühlt ist, etwas Mehl auf ein Backblech streuen, damit nichts kleben bleibt, und Brötchen mit eckigen Rändern formen, das Ei verquirlen, mit Pfeffer und Salz vermischte Semmelbrösel auf ein Papier geben, die Brötchen zuerst in das Ei, dann in die Brösel legen, ausreichend Fett in die Pfanne geben und wenn weißer Rauch aufsteigt, die Brötchen hineingeben und drei Minuten braten, auf Papier abtropfen lassen. Dazu kann braune Soße gereicht und in die Mitte Erbsen- oder Kartoffelpüree gegeben werden.

Gepökelter Hammelschinken.

FRAU W. COOK.

Ein Viertel Pfund Weißsalz, ebenso Kochsalz, eine Unze Salpeter, vier Unzen brauner Zucker, eine Unze Piment, vier Unzen schwarzer Pfeffer (ganz), der Piment oder eine Unze Koriandersamen müssen zerstoßen und nicht gemahlen sein, ein Liter Wasser: alles zusammen einige Minuten kochen und heiß einreiben. In drei Wochen sind die Schinken zum Aufhängen bereit, wenn sie jeden Tag gut mit der Salzlake eingerieben werden. Genug Salzlake für zwei.

GESCHMORTES HAMMEL.
FRAU ARCHIE COOK.

Eine entbeinte Hammelschulter, 113 g Semmelbrösel, 60 g Nierenfett, Schale einer halben Zitrone, ein Bund gemischtes Gemüse, ein Esslöffel gehackte Petersilie, andere Kräuter nach Belieben, ein Ei, ein wenig Milch, ein Teelöffel Salz, ein halber Teelöffel Pfeffer. Nierenfett fein hacken (oder Hammelfett tut es auch), Semmelbrösel, Petersilie, geriebene Zitronenschale und Salz hinzufügen und mit Ei und Milch anfeuchten. Mischung in das Hammelfleisch geben, aufrollen und gut zubinden. Gemüse in Scheiben schneiden und mit Knochen in einen Topf geben, außerdem zwei Gewürznelken, ein Lorbeerblatt und Pfefferkörner, einen halben Liter Brühe oder Wasser darübergießen, Hammelfleisch darauf legen und je nach Größe des Fleisches etwa eineinhalb Stunden langsam kochen, dann mit Glasur bestreichen oder mit Mehl, Pfeffer und Salz bestreuen und eine halbe Stunde backen. Auf eine Platte legen, Fett aus der Pfanne abgießen und eine halbe Unze Mehl (gebräunt) unterrühren. Brühe, in der das Fleisch gekocht wurde, sowie einen Esslöffel Pilzketchup und einen Esslöffel Worcestersauce, Pfeffer und Salz hinzufügen, zwei Minuten kochen und um das Fleisch herum abseihen. Gemüse in der Brühe kann geschnitten werden, um das Gericht zu verzieren.

ECHTER IRISCHER EINTOPF.
FRAU DUNCAN LAURIE.

Nehmen Sie die Füße und Beine eines Schweins, schneiden Sie die Schinken ab, zwei reichen für eine achtköpfige Familie. Sengen Sie das Fell ab und reinigen Sie sie gründlich, wobei Sie die Zehen durch Anbrennen entfernen. Schneiden Sie die Beine in Stücke, die sich zum Schmoren eignen, legen Sie sie in kaltes Wasser und lassen Sie sie drei Stunden lang langsam kochen. Schälen und schneiden Sie neun oder zehn große Kartoffeln und geben Sie sie mit Salz und Pfeffer etwa eine halbe Stunde vor dem Servieren in Ihren Eintopf. Nachdem Sie die Kartoffeln hineingegeben haben, müssen Sie mit größter Sorgfalt darauf achten, dass sie nicht am Topf festkleben und anbrennen, daher müssen Sie häufig mit einem Löffel umrühren. Gießen Sie den Rest vom Abendessen in eine Form und es wird ein Gelee daraus, das kalt zum Frühstück gut schmeckt.

Eine frische Zunge dünsten.
FRAU ARCHIE COOK.

Waschen Sie es gründlich und reiben Sie es gut mit Kochsalz und etwas Salpeter ein. Lassen Sie es zwei oder drei Tage liegen. Kochen Sie es dann, bis sich die Haut ablöst. Geben Sie es mit einem Teil der Flüssigkeit, in der es gekocht wurde, und einem halben Liter guter Brühe in einen Topf. Würzen Sie es mit schwarzem und Jamaika-Pfeffer sowie zwei oder drei zerstoßenen Gewürznelken. Fügen Sie ein Glas Weißwein, einen Esslöffel Pilzketchup und einen Esslöffel Zitronenpickle hinzu und binden Sie es mit in Mehl gewälzter Butter. Lassen Sie die Zunge in dieser Sauce ganz weich dünsten. Der Wein kann nach dem Servieren hinzugefügt oder nach Belieben weggelassen werden.

Geschmorte Lämmerzungen.
FRAU ARCHIE COOK.

Sechs Zungen, drei gehäufte Esslöffel Butter, eine große Zwiebel, zwei Karottenscheiben, drei weiße Steckrübenscheiben, drei Esslöffel Mehl, einer Salz, etwas Pfeffer, ein Liter Brühe oder Wasser und einige süße Kräuter. Die Zungen anderthalb Stunden in klarem Wasser kochen, herausnehmen, mit kaltem Wasser bedecken und die Schale abziehen. Butter, Zwiebel, Steckrübe und Karotte in den Schmortopf geben und 15 Minuten langsam kochen, dann das Mehl hinzugeben und unter ständigem Rühren braun werden lassen. Die Brühe hineinrühren und wenn sie aufkocht, die Zungen, Salz, Pfeffer und Kräuter hinzugeben; zwei Stunden leicht köcheln lassen. Karotten, Steckrüben und Kartoffeln in Würfel schneiden. Die Kartoffeln zehn Minuten und Karotten und Steckrüben eine Stunde in Salzwasser kochen. Die Zungen in die Mitte eines heißen Tellers legen, das Gemüse darum anrichten und die Soße darüber abseihen. Mit Petersilie garnieren.

GEBRATENES KALBSFILET.
FRAU RATTRAY.

Nehmen Sie eine große, weiße, fette Kalbskeule mit einem Gewicht von etwa zehn bis zwölf Pfund. Lösen Sie das Fleisch vorsichtig vom Knochen und entfernen Sie den Knochen. Stecken Sie das Fleisch dann mit Spießen fest in eine schöne runde Form; füllen Sie die Höhle, aus der der Knochen entnommen wurde, mit der folgenden Füllung. Braten Sie das Fleisch bei niedriger Temperatur im Ofen, wobei Sie pro Pfund eine Viertelstunde einplanen, und achten Sie darauf, dass Sie es immer gut mit Rinderfett begießen.

DRESSING.

Bereiten Sie eine Kaffeetasse Semmelbrösel, einen Teelöffel gehackte Petersilie, einen halben Teelöffel Bohnenkraut, Pfeffer und Salz nach Geschmack vor. Nehmen Sie eine große Zwiebel, schälen, schneiden und braten Sie sie gut mit einem Stück Butter in der Größe eines Eies an; gießen Sie die Flüssigkeit daraus in Ihre Semmelbrösel und vermischen Sie alles gründlich miteinander. Achten Sie darauf, dass Sie nicht die Zwiebel hineingeben, sondern nur die gebratene Butter und den Zwiebelsaft. Wenn das Fleisch gar ist, nehmen Sie es aus der Pfanne und bereiten Sie eine reichhaltige braune Soße zu, die Sie dazu servieren. Garnieren Sie Ihr Gericht mit gebratenem Speck und Zitronenscheiben.

FÜLLUNG FÜR KALBFLEISCH.

FRAU W. CLINT.

Hacken Sie ein halbes Pfund Rindertalg sehr fein und geben Sie es in eine Schüssel mit 225 g Semmelbröseln, 115 g gehackter Petersilie, einem Esslöffel gemahlenem Thymian und Majoran zu gleichen Teilen, der geriebenen Schale einer Zitrone und dem Saft einer halben Zitrone. Würzen Sie mit Pfeffer, Salz und einer viertel Muskatnuss. Vermischen Sie das Ganze mit zwei Eiern. Dies eignet sich auch für Truthahn oder gebackenen Fisch.

YORKSHIRE PUDDING.

FRAU GEORGE CRESSMAN.

Aus zwei Eiern, vier Esslöffeln Mehl, etwas Salz und Milch einen sahnedicken Teig anrühren. Wenn das Rindfleisch gar ist, das Bratfett in eine andere Pfanne gießen, im Teig wenden und schön braun backen.

SPIEL.

BEIlagen. — Mit Wildente, Gurkensauce, Johannisbeergelee oder Preiselbeersoße.

GEBRATENE ENTE MIT ÄPFELN.

FRAU BEEMER.

Rupfen und versengen Sie eine Ente, ziehen Sie sie heraus, ohne die Eingeweide zu beschädigen, wischen Sie sie mit einem feuchten Handtuch ab und legen Sie sie in eine Backform; wischen Sie ein Dutzend kleine saure Äpfel mit einem feuchten Tuch ab, schneiden Sie das Kerngehäuse heraus, ohne die Äpfel zu beschädigen, und verteilen Sie sie rund um die Ente; stellen Sie die Form in einen heißen Ofen und braten Sie die Ente kurz an, reduzieren Sie dann die Hitze des Ofens und lassen Sie das Ganze etwa zwanzig Minuten lang weitergaren, oder bis die Äpfel weich, aber nicht zerbrochen sind. Begießen Sie sowohl die Ente als auch die Äpfel alle fünf Minuten, bis sie gar sind, und servieren Sie sie dann auf demselben Teller. Manche meinen, es sei eine große Verbesserung, die Ente 15 Minuten lang mit einer Zwiebel im Wasser vorzukochen, und der starke Fischgeschmack, der bei Wildenten manchmal so unangenehm ist, verschwindet. Eine Karotte erfüllt den gleichen Zweck.

Gebratene Wachteln mit Brotsauce.

Schälen und schneiden Sie eine Zwiebel und legen Sie sie in einem halben Liter Milch über das Feuer; rupfen und versengen Sie ein halbes Dutzend Wachteln, ziehen Sie sie heraus, ohne die Eingeweide zu beschädigen, schneiden Sie Kopf und Füße ab und trocknen Sie sie mit einem feuchten Handtuch ab; reiben Sie sie rundum mit Butter ein; würzen Sie sie mit Pfeffer und Salz und braten Sie sie fünfzehn Minuten lang über einem sehr heißen Feuer, wobei Sie sie drei- oder viermal mit Butter bestreichen. Legen Sie einige Toastscheiben darunter, um das Bratenfett aufzufangen. Während die Vögel braten, bereiten Sie eine Brotsoße wie folgt zu: Rollen Sie eine Schüssel mit einem halben Liter trockenem Brot und sieben Sie die Krümel; verwenden Sie die feinsten für die Soße und die größten zum späteren Braten; nehmen Sie die Zwiebel aus der Milch, in der sie gekocht hat, rühren Sie den feinsten Teil der Krümel in die Milch, würzen Sie sie mit einem Salzlöffel weißen Pfeffers und einer Prise Muskatnuss, rühren Sie einen Esslöffel Butter ein und rühren Sie die Soße, bis sie glatt ist; stellen Sie dann den Topf mit der Soße in einen Topf mit kochendem Wasser, um ihn heiß zu halten; Geben Sie zwei Esslöffel Butter in eine Bratpfanne und lassen Sie sie rauchend heiß werden. Geben Sie die grobe Hälfte der Brotkrümel hinein, bestreuen Sie sie mit Cayenne-Pfeffer und rühren Sie sie um, bis sie hellbraun sind. Legen Sie sie dann sofort auf einen heißen Teller. Geben Sie die Brotsauce in eine Sauciere und servieren Sie sie. Bereiten Sie die gebratenen Brotkrümel, die Sauce und die Wachteln gleichzeitig vor. Servieren Sie die Vögel auf dem Toast, der unter sie gelegt wurde. Legen Sie beim Servieren der Wachteln jedes Tier auf einen heißen Teller, gießen Sie einen großen Löffel Brotsauce darüber und geben Sie darauf einen Löffel der gebratenen Brotkrümel.

WILDHESTEAK.
FRAU ERNEST F. WURTELE.

Nehmen Sie ein Stück gefrorenes Wildbret und legen Sie es in Wasser, in das Sie zwei Esslöffel Essig gegeben haben. Lassen Sie es so lange stehen, bis Eis an die Oberfläche des Fleisches kommt, nehmen Sie das Fleisch heraus und entfernen Sie das Eis mit einem Messer. Wischen Sie es trocken und bemehlen Sie es gut. Geben Sie ein gutes Stück Butter in die Pfanne. Lassen Sie es bräunen, salzen und pfeffern Sie das Steak und braten Sie es auf beiden Seiten. Geben Sie dann eine Tasse kräftige Milch hinzu, schieben Sie die Pfanne an die Rückseite des Herdes, decken Sie sie ab und lassen Sie sie anderthalb Stunden lang langsam schmoren. Wenn das Steak sehr trocken ist, spicken Sie es vor dem Braten mit gepökeltem Schweinefleisch.

Geschmorte Tauben.
FRAU HARRY LAURIE.

Für zwei Taubenpaare zuerst Brot, Bohnenkraut, Butter, Pfeffer und Salz dazugeben. Acht oder neun Scheiben fettes Schweinefleisch in einen Eisentopf geben und braten, bis das Schweinefleisch gut gebräunt ist, dann herausnehmen und die Tauben hineinlegen und gründlich bräunen lassen, dabei ständig wenden, damit es nicht anbrennt. Dann einen halben Liter Brühe hinzugeben, bei Bedarf würzen, die Schweinefleischscheiben wieder hineinlegen und mindestens anderthalb Stunden bei schwacher Hitze schmoren lassen. Wenn die Soße nicht dick genug ist, einen Esslöffel braunes Mehl hinzugeben. Etwa eine Viertelstunde vor Ende der Garzeit eine Dose grüne Erbsen hineingeben – dann servieren.

Geschmorter Hase.

Kann auf die gleiche Weise wie oben für Taubenkompott zubereitet werden, jedoch mit der Zugabe von Gewürzen: einige Nelken und etwas mehr Zimt.

BROTSOSSE.
FRAU BENSON BENNETT.

Ein halber Liter gekochte Milch auf eine Tasse feine Semmelbrösel, eine kleine Zwiebel, zwei Gewürznelken, ein Stück Muskatblüte, Salz nach Geschmack, fünf Minuten köcheln lassen, ein kleines Stück Butter hinzufügen.

Preiselbeer-Gelee.

Schälen, vierteln und entkernen Sie zwölf große säuerliche Äpfel, geben Sie sie mit zwei Litern Preiselbeeren in einen Porzellankessel, bedecken Sie sie gut mit kaltem Wasser und lassen Sie sie weich dünsten. Gießen Sie sie anschließend durch ein Gelee-Säckchen, geben Sie dem Saft zwei Pfund Puderzucker hinzu und kochen Sie alles wie jedes andere Gelee, bis es aus der Schaumkelle fällt. Wenn Sie es eintauchen, schöpfen Sie den Schaum ab, der beim Kochen entsteht, geben Sie es in Formen und lassen Sie es vor der Verwendung fest werden.

Einfaches Zubereiten für Geflügel.
FRAU W. CLINT.

Je eineinhalb Tassen Semmelbrösel (nicht zu altbacken), je ein gehäufter Teelöffel Petersilie, Thymian und Bohnenkraut, ein Dessertlöffel Butter, ein halber Teelöffel Salz, ein viertel Teelöffel Pfeffer, alles mit etwas Milch verrühren.

EINFACHES FUTTER FÜR GÄNSE UND ENTEN.

Eine Tasse Semmelbrösel oder Kartoffeln, eine Tasse oder mehr gedünstete Zwiebeln, ein Esslöffel Salbei, Pfeffer, Salz und ein wenig Butter, mit etwas Milch vermischen.

GEMÜSE.

„Fröhliche Köche machen jedes Gericht zu einem Festmahl." – MASSINGER.

Lassen Sie das Wasser immer kochen, wenn Sie Ihr Gemüse hineingeben, und halten Sie es konstant am Kochen, bis das Gemüse gar ist. Kochen Sie jede Gemüsesorte einzeln, wenn es Ihnen passt. Alle Gemüsesorten sollten gut gewürzt sein.

ÄPFEL.
FRAU DAVID BELL.

Wenn Sie sich wegen der Äpfel, die Sie gekauft haben, Sorgen machen, weil sie schneller verderben können, als Sie sie verwenden können, ist es ein guter Plan, sie zu schälen, zu entkernen, mit ganz wenig Zucker zu verrühren und sie in Ihre Marmeladengläser zu schrauben. Sie sind dann ein paar Monate haltbar und eignen sich gut zum Füllen einer Torte oder als Apfelmus usw.; sie müssen nicht zu lange gekocht werden und einige der festeren Sorten können in Vierteln bleiben, die fest genug für eine Torte sind. Ein anderer Plan ist, die verdächtigen Äpfel zu schälen, aber nicht zu entkernen, sie dann ganz gefrieren zu lassen und sie nach dem Gefrieren in eine Schachtel zu packen und abzudecken. Bewahren Sie sie an einem Ort auf, wo sie nicht auftauen. Wenn Sie eine Portion Bratäpfel möchten, legen Sie sie in Ihre Backform, streuen Sie ein wenig Zucker darüber und geben Sie sie in einen Schnellbackofen, ohne sie auftauen zu lassen. Wenn sie fertig sind, sollten sie ganz und schön braun sein.

BOHNEN.

Bohnen sind ein schönes Wintergemüse, aber mit Schweinefleisch als „gebackene Bohnen" gekocht sind sie zu scharf für den täglichen Gebrauch, sind aber einfacher gekocht ein beliebtes Gericht. Wählen Sie die kleinen weißen Bohnen aus und geben Sie sie mit so viel kaltem Wasser, dass sie gut bedeckt sind, und einer kleinen Prise Backnatron in einen Topf. Wenn sie einige Minuten geköchelt haben, gießen Sie das Wasser ab und ersetzen Sie es durch heißes Wasser und ein wenig Salz. Wenn möglich, lassen Sie sie kochen, ohne sie stark zu kochen. Wenn sie weich sind, abgießen und mit reichlich Butter und einer Prise Pfeffer servieren. Sie schmecken auch gut, wenn man sie abtropft und mit etwas Bratfett, Pfeffer und Salz in eine Bratpfanne wirft und einige Minuten über dem Feuer erhitzt. Beim Kochen muss man nur darauf achten, dass sie nicht zu Suppe zergehen, wenn sie fast gar sind.

Gebratene Rüben.
FRAU DUNCAN LAURIE.

Scheiben schneiden und mit einem Teelöffel Essig, dem Saft einer halben Zitrone, je einem halben Teelöffel Zucker und Salz, einer Prise Muskatnuss und einer Prise Pfeffer in einen Schmortopf geben. Zwei Esslöffel Brühe und einen Teelöffel Butter hinzufügen und eine halbe Stunde köcheln lassen.

RAHMENKOHL.
Fräulein Je Fraser.

Schneiden Sie einen mittelgroßen Kohl in Viertel. Entfernen Sie den Strunk, geben Sie ihn in einen Kessel mit kochendem Wasser, lassen Sie ihn zehn Minuten kochen, lassen Sie ihn abtropfen und bedecken Sie ihn mit kaltem Wasser. Dadurch wird der unangenehme Geruch beseitigt. Wenn er kalt ist, hacken Sie ihn fein und würzen Sie mit Salz und Pfeffer. Machen Sie eine Soße aus zwei Esslöffeln Butter und einem Esslöffel Mehl, mischen Sie alles glatt, geben Sie einen halben Liter Milch hinzu und lassen Sie alles eine dreiviertel Stunde lang langsam in dieser Soße kochen.

GEDÜNSTETE GURKEN.
FRAU DAVID BELL.

Schälen Sie eine schöne gerade Gurke, schneiden Sie sie der Länge nach in vier Teile, entfernen Sie alle Kerne und schneiden Sie sie in etwa drei Zoll lange Stücke. Werfen Sie diese in einen Topf mit kochendem Wasser und etwas Salz. Wenn sie sich bei Berührung biegen, sind sie fertig. Lassen Sie sie in einem Sieb abtropfen und geben Sie sie dann in einen Schmortopf mit einem ordentlichen Stück Butter, fein gehackter Petersilie, Salz und Pfeffer. Über dem Feuer schwenken, bis sie vollständig erhitzt ist, und in einem heißen Gericht servieren.

Austernkohl.
FRAU DM COOK.

Eine Kohlhälfte fein hacken , zehn Minuten kochen und das Wasser abgießen. Dann den Kohl mit Milch bedecken und aufkochen lassen, gerollte Crackerbrösel, Butter in der Größe einer Walnuss, Salz und Pfeffer nach Geschmack hinzufügen.

MAISOMELETT.

Ein halbes Dutzend Maiskolben kochen, den Mais vom Kolben schneiden, vier Eier einzeln verquirlen, die geschlagenen Eigelbe, Salz und Pfeffer zum Mais geben, das Eiweiß zuletzt unterrühren und in einer Pfanne mit reichlich Butter anbraten.

MAKARONI UND KÄSE.
FRAU H. BARCLAY.

Ein Viertelpfund Makkaroni eine halbe Stunde in Wasser kochen, abkühlen lassen und zerkleinern. Eine Soße aus einem Esslöffel Butter, einem Esslöffel Mehl, einem halben Liter Milch und einem Teelöffel Senf zubereiten. Eine Minute kochen lassen; alles mit drei Unzen geriebenem Käse vermischen. In eine flache Schüssel geben und mit Käse bestreuen. Goldbraun backen und mit Toast garnieren.

MAKKARONI.
FRAU THOM.

Ein halbes Pfund Makkaroni, ein halbes Pfund Käse, ein Viertelpfund Butter, ein halber Liter Milch, Senf und Cayennepfeffer. Makkaroni in Salzwasser kochen, bis sie weich sind, abgießen und in eine Schüssel geben. Einen halben Liter Milch auf den Herd stellen und kurz vor dem Kochen einen Esslöffel Mehl, das in etwas kalter Milch glatt gerieben wurde, Butter, fast den gesamten geriebenen Käse, Senf und Cayennepfeffer hinzufügen. Kochen, bis die Masse dick wie Pudding ist, dann über die Makkaroni gießen, den restlichen Käse und einige kleine Butterstücke darüber streuen; wenn sie sofort verwendet werden, zwanzig Minuten backen, wenn sie eine halbe Stunde abkühlen gelassen werden.

In Sahne überbackene Zwiebeln.
FRAU. JS THOM.

Schälen Sie so viele große Zwiebeln wie nötig und bedecken Sie sie mit kochendem Wasser, lassen Sie sie zehn Minuten kochen und lassen Sie sie dann abtropfen. Bedecken Sie sie erneut mit kochendem Wasser, dem Sie einen halben Teelöffel Salz hinzufügen, und kochen Sie sie, bis sie weich sind. Lassen Sie sie sorgfältig abtropfen und legen Sie die Zwiebeln in eine Auflaufform, geben Sie auf jede einen Teelöffel Butter, fügen Sie Pfeffer und Salz nach Geschmack hinzu, füllen Sie die Form dann zur Hälfte mit Milch und bedecken Sie sie mit einer Schicht feiner Semmelbrösel. Backen Sie sie, bis sie zartbraun sind.

MAISSTERN.
FRAU FRANK GLASS.

Ein halber Liter geriebener grüner Mais, zwei Esslöffel Milch, zwei Eier, zwei Esslöffel Butter, Mehl, um einen Teig zuzubereiten. Mit Butter braten.

AUSTERNPFANNKUCHEN.

FRAU WADDLE.

Ein Liter frische Milch, drei Eier, ein halbes Dutzend geriebener grüner Maiskörner, eine halbe Teetasse geschmolzene Butter, ein Teelöffel Salz und Pfeffer. So viel Mehl, dass ein dünner Teig entsteht, mit Butter ausbacken.

RÜHRKARTOFFELN MIT EIERN.

Fräulein Grace Macmillan.

Acht kalte, gekochte Kartoffeln, fein gehackt. Ein Stück Butter in der Größe eines Eies in den Topf geben. Wenn sie geschmolzen ist, die Kartoffeln unterrühren, bis sie braun sind, dann vier gut verquirlte Eier dazugeben und gut unter die Kartoffeln rühren. Sehr heiß servieren.

Gefüllte Süßkartoffeln.

FRAU ARCHIBALD LAURIE.

Vier große Süßkartoffeln werden gebacken, bis sie weich sind, und dann vorsichtig in zwei Hälften geschnitten. An jedem Ende ein Stück abschneiden , damit sie stehen bleiben, dann auslöffeln, sodass die Schale perfekt bleibt. Die Kartoffeln mit einem Eierdressing wie folgt fein zerstampfen: vier Eier hart kochen, die Eigelbe mit Sahne zu einer Paste zerstampfen, nach Belieben mit Salz und Pfeffer und etwas Senf abschmecken; die Schalen mit dieser Mischung füllen, auf jede Schale ein Stück Butter legen und backen, bis sie gut gebräunt sind. In einzelnen Untertassen mit einem kleinen Teigdeckel darunter servieren.

KARTOFFELRÜSCHE.

FRAU FRANK GLASS.

Kochen und stampfen Sie einige Kartoffeln, geben Sie ein wenig Milch und Butter hinzu, aber nicht so viel, dass die Paste weich wird; geben Sie, solange es noch heiß ist, ein geschlagenes Ei hinzu. Formen Sie aus dieser Paste einen Zaun auf der Innenseite einer flachen Schüssel, indem Sie ihn mit dem runden Griff eines Messers einkerben. Stellen Sie das Ganze eine Minute lang in einen heißen Ofen, aber nicht so lange, dass der Zaun Risse bekommt. Bestreichen Sie das Ganze schnell mit Butter und gießen Sie das Fleisch vorsichtig in die Wand. Das Hackfleisch sollte nicht so dünn sein, dass die Kragen weggespült werden.

KARTOFFELPUFF.

Fräulein Cordelia Jackson.

Nehmen Sie zwei Tassen kaltes Kartoffelpüree und rühren Sie sechs Teelöffel geschmolzene Butter hinein. Schlagen Sie die Masse zu einer weißen Creme, bevor Sie alles andere hinzufügen. Geben Sie dann zwei sehr leicht geschlagene Eier und eine Teetasse Sahne oder Milch dazu und salzen Sie nach Geschmack. Alles gut verrühren, in eine tiefe Schüssel geben und im Schnellbackofen backen, bis es schön gebräunt ist. Wenn es richtig vermischt ist, kommt es leicht, luftig und köstlich aus dem Ofen.

KARTOFFELBIRNEN.

FRAU JS THOM

Kochen Sie sechs oder acht große Kartoffeln und zerstampfen Sie sie gründlich, wenn sie gar sind. Geben Sie dabei etwas Butter, Sahne, Pfeffer und Salz hinzu. Formen Sie Birnen, indem Sie eine Zehe in den Stiel stecken, bestreichen Sie sie mit geschlagenem Ei und geben Sie sie in den Ofen, bis sie leicht braun werden.

KARTOFFELFRICASSÉ.

FRAU. JT. SMYTHE.

Ein halbes Pfund fettes, gesalzenes Schweinefleisch in dünne Scheiben schneiden. In einen Schmortopf geben, wenn es braun ist, eine in Scheiben geschnittene Zwiebel und ein wenig kaltes Wasser hinzufügen und einige Minuten kochen lassen. Eine Anzahl Kartoffeln in guter Größe schneiden, diese zu Zwiebeln und Schweinefleisch und einem halben Teelöffel Pfeffer geben. Gut mit kaltem Wasser bedecken. Stundenlang sprudelnd kochen lassen. Wenn sich etwa eine halbe Stunde vor dem Servieren herausstellt, dass es nicht dick genug ist, den Deckel abnehmen und kochen, bis es eindickt.

ERBSEN MIT SAHNESAUCE.

FRAU STOCKING.

Einen Liter Erbsen in einen Kessel mit kochendem Salzwasser geben und 15 Minuten kochen; abgießen, einen Esslöffel Butter in einen Topf geben, einen Esslöffel Mehl hinzufügen und verrühren; eine Tasse Milch hinzufügen; ständig umrühren, bis es kocht; Salz, Pfeffer und dann die Erbsen hinzufügen; etwa fünf Minuten über dem kochenden Wasser stehen lassen und als Beilage zu gebackenem, gegrilltem oder gebratenem Bries servieren.

RAHMREIS.

FRAU LAWRENCE.

Zwei Drittel Tassen roher Reis, ein Liter Milch, eine halbe Tasse Zucker, mit geriebener Zitronenschale oder Muskatnuss würzen. In einer Auflaufform bei mittlerer Hitze eineinhalb Stunden im Ofen backen.

REIS KOCHEN.
FRAU M. SAMPSON.

Bringen Sie so viel kochendes Wasser mit einer Prise Salz auf, dass der Reis mehr als bedeckt ist. Lassen Sie es zwanzig Minuten lang kochen, rühren Sie nicht um. Gießen Sie den Reis nach dem Kochen durch ein Sieb und servieren Sie ihn.

SPINAT AUF TOAST.
FRAU FRANK GLASS.

Zwanzig Minuten in kochendem Salzwasser garen. Abgießen und fein hacken. Einen Esslöffel Butter mit einem Teelöffel Zucker, einer Prise Muskatnuss, Pfeffer und Salz in einen Topf geben. Den Spinat unterrühren und unter ständigem Erhitzen glattrühren; zum Schluss einen Esslöffel Sahne oder zwei Esslöffel Milch hinzufügen. Auf gebutterte Toastscheiben ohne Rinde gießen, die auf einem flachen Teller liegen.

Gemüsemark.
FRAU DAVID BELL.

In 1,3 cm dicke Scheiben schneiden, schälen und den schwammigen Teil entfernen; in heißem Bratenfett oder Butter, Pfeffer und Salz ausbacken; auch gut lässt sich ein leichter Teig herstellen, in den die Scheiben getaucht und anschließend goldbraun ausgebacken werden.

VORSPEISEN UND AUFGEWÄSCHTES FLEISCH.

RINDFLEISCHKROKETTEN.
Fräulein Francis Fry.

Zwei Tassen Rindfleisch (fein gehackt), eine Tasse Brühe, zwei Pfund Mehl, ein Pfund Butter, ein Teelöffel Zitronensaft oder Essig, ebenso Zwiebeln und Salz, ein halber Teelöffel Pfeffer, zwei Eier, Brot- oder Kekskrümel. Machen Sie eine dicke Soße, indem Sie Mehl und Butter kochen; fügen Sie nach und nach Brühe und Zitronensaft hinzu, würzen Sie; fügen Sie gehacktes Fleisch mit der Zwiebel und einem Ei hinzu. Fünf Minuten kochen und abkühlen lassen. In Form bringen, in geschlagenem Ei und Bröseln rollen und in kochendem Schmalz braten.

HÜHNERCREME.
FRAU ARCHIE COOK.

Dreiviertel Pfund Huhn, Kalb oder Kaninchenfleisch klopfen, bis es ganz glatt ist, dann ein halbes Pfund Panada (in heißer Milch eingeweichtes Brot) klopfen und beides vermischen, zwei Esslöffel dicke Soubise-Sauce, 38 Gramm Butter, zwei Esslöffel Sherry, ein wenig Pfeffer und Salz und drei ganze Eier hinzufügen. Die Mischung durch ein feines Drahtsieb passieren und dann zwei Esslöffel dicke Sahne hinzufügen. Einige kleine Timbale-Formen mit Butter einfetten und mit der Mischung füllen. Denken Sie daran, die Formen nach dem Einfüllen der Mischung auf den Tisch zu klopfen und sie etwa fünfzehn Minuten dämpfen zu lassen. Vorsichtig herausnehmen und heiß servieren. Tomatensauce drumherum ist eine Bereicherung. Wenn Sie sie lieber kalt mögen, können Sie sie mit Aspikgelee und einem Ragout aus Trüffeln, gekochter Zunge oder Schinken und Champignons dekorieren oder ein wenig Tomatensalat verwenden.

Soubise-Sauce.

Einige Zwiebeln zehn Minuten in kochendem Wasser einweichen. Schälen Sie sie und schneiden Sie sie in Hälften oder Viertel. Geben Sie sie mit einem Stück frischer Butter in einen kleinen Topf. Lassen Sie sie sehr langsam köcheln, bis die Zwiebeln gar sind. Fügen Sie Salz nach Geschmack hinzu. Andicken Sie die Masse mit Mehl oder Mehl und feinen Semmelbröseln und fügen Sie Sahne oder Milch hinzu. Durch ein Sieb passieren, es muss dick und glatt sein. Manche Leute mögen eine Prise Zucker.

GELIERTES HÜHNCHEN.

FRAU ARCHIBALD LAURIE.

Nehmen Sie ein altes Huhn und kochen Sie es, bis die Knochen sich vom Fleisch lösen. Stellen Sie es zum Abkühlen beiseite. Am nächsten Tag schöpfen Sie das Fett ab und kochen es auf einen Liter ein. Geben Sie dazu eine Unze Blattgelatine hinzu, die Sie zuvor in etwas kaltem Wasser eingeweicht haben. Mit Pfeffer und Salz abschmecken und etwas Bohnenkraut dazugeben. Legen Sie das Fleisch in eine Auflaufform und geben Sie nach und nach die Flüssigkeit hinzu, damit das Fleisch nicht an einer Stelle bleibt. Das Ganze sollte gut gelingen, wenn es kalt ist.

MACHEN SIE EIN DUTZEND HÜHNERKROKETTEN.

FRAU ANDREW THOMSON.

Das Eiweiß von zwei Hühnern, gut zerkleinert, ein Glas Sherry, ein halbes Pint Sahne, Pfeffer, Salz und etwas Cayennepfeffer nach Geschmack vermischen und in eine gebutterte Form geben ; eine Stunde dämpfen.

HÜHNERFORM. (Kalt serviert.)

MADAME JT

Geben Sie ein großes Huhn mit 1,5 Litern kaltem Wasser, einer mittelgroßen Zwiebel, drei Stangen Sellerie und einem kleinen Bund Petersilie darüber. Lassen Sie es zwei Stunden leicht köcheln (nicht kochen). Nehmen Sie dann das Huhn heraus, lösen Sie das Fleisch von den Knochen und schneiden Sie es in etwa 2,5 cm lange Stücke. Geben Sie die Knochen zurück in die Brühe und lassen Sie diese auf dreiviertel Liter einkochen. Geben Sie nach und nach zwei Tassen Sahne hinzu, in der ein Esslöffel Mehl aufgelöst wurde . Wenn das Mehl eingedickt ist , nehmen Sie es vom Herd und geben Sie zwei gut verquirlte Eier und ganz wenig Muskatnuss hinzu. Garnieren Sie eine Form mit Scheiben von hartgekochtem Ei und Zweigen Petersilie. Gießen Sie die Hühnermischung hinein. Stocken lassen und auf Salatblättern servieren. Dies reicht für acht Personen.

CURRY. (Ausgezeichnet.)

FRAU W. COOK.

Nehmen Sie mehrere kleine Zwiebeln, hacken Sie sie sehr fein, geben Sie sie mit einem Stück Butter in eine Pfanne und lassen Sie sie über dem Feuer dünsten, bis die Zwiebeln vollständig aufgelöst und hellbraun sind. Schneiden Sie das Fleisch in kleine Stücke und reiben Sie das rohe Fleisch gut mit Currypulver ein. Geben Sie es mit Zwiebeln, einem fein gehackten Apfel und einem Teelöffel Sahne in eine Schmorpfanne und lassen Sie alles zwei bis drei Stunden köcheln. Es darf nicht kochen.

FISCH RÉCHAUFFÉ

Ein Pfund gekochter Fisch, je ein Esslöffel Pilzketchup, Sardellenessenz, Harveys Sauce und Senf, eine Unze Butter, Mehl und ein halber Liter Sahne, eine Wand aus Kartoffeln. Den Fisch in Stücke teilen und mit Sahne und Butter in einen Schmortopf geben, bis er sehr heiß ist. Die Kartoffeln zerstampfen und einen Esslöffel Sahne, ein Eigelb, Pfeffer und Salz hinzufügen; eine Wandform gut mit Butter einfetten und mit gebräunten Brotkrümeln bestreuen, in den Ofen stellen, bis sie heiß ist, auf eine silberne Platte stürzen und das Ragout in die Mitte gießen. Mit Zitrone und Petersilie garnieren.

FISCHKROKETTEN.

Fräulein Fry.

Frisch gekochte Kartoffeln zerstampfen, ein Ei und Mehl dazugeben und einen festen Teig herstellen. Dünn ausrollen und mit einem runden Ausstecher ausstechen. Auf einer Hälfte den gehackten Fisch verteilen, mit Petersilie vermischen, darüberklappen und die Ränder andrücken. In Schmalz ausbacken.

Maiskroketten.

FRAU BENSON BENNETT.

Zu einer Tasse kalt gekochtem Maisgrieß einen Esslöffel geschmolzene Butter hinzufügen und umrühren. Dabei nach und nach eine Tasse Milch hinzugeben und zu einer weichen, leichten Paste schlagen, eine Teetasse weißen Zucker und zuletzt ein gut verquirltes Ei dazugeben. Mit bemehlten Händen in Ei und Semmelbröseln ovale Kugeln rollen und in heißem Schmalz braten.

TOPFKOPF.

FRÄULEIN EDITH M. HENRY.

Die untere Fleischhälfte nehmen, mit Wasser bedecken, kochen bis sie weich genug ist, um sie in Würfel zu schneiden, herausnehmen und das Fleisch in Würfel schneiden, dann wieder in den Topf geben, mit Pfeffer, Salz, Muskatblüte, Selleriesamen, Cayennepfeffer, Piment und Nelken würzen. Dann etwas Gelatine bereitstellen, alles gut durchmischen und kurz aufkochen lassen, dann in eine kalte Form gießen.

KEGEREE.

FRAU BENSON BENNETT.

Eine Teetasse frisch gekochter Reis, ein halbes Viertel gekochter Lachs, zwei weichgekochte Eier, ein Stück Butter, Salz und Pfeffer. Alles vermischen und zum Dämpfen in eine Form geben.

TEUFELBEREBER.
FRAU HENRY THOMSON.

Zu drei Pfund roher Leber, einem Viertelpfund rohem gesalzenem Schweinefleisch, einem halben Pint Semmelbrösel, drei Esslöffeln Salz, einem Teelöffel Pfeffer, je einem halben Teelöffel Cayennepfeffer, Muskatblüte und Gewürznelken. Zubereitung: Leber und Schweinefleisch sehr fein hacken, die anderen Zutaten hinzufügen und gut vermischen, in eine abgedeckte Form geben und in einen Topf mit kaltem Wasser stellen, abdecken und auf dem Feuer zwei Stunden lang kochen lassen. Die Form herausnehmen, den Deckel abnehmen und in einem offenen Ofen stehen lassen, damit der Dampf entweichen kann. Dies ist ein kaltes Gericht.

FLEISCHKROKETTEN.
MADAME JT

Ein Esslöffel Butter, ein Esslöffel Mehl, zwei Esslöffel Brühe, ein Esslöffel Milch. Kochen lassen, bis es eindickt, dann einen kleinen Teelöffel Zwiebelsaft (gerieben), einen Teelöffel Zitronensaft, einen kleinen Teelöffel Zitronenschale, Pfeffer und Salz sowie eine Prise Muskatnuss hinzufügen. Wenn alles gut vermischt ist, ein verquirltes Ei und eine Tasse gehacktes Fleisch (jeder Art) hinzufügen. Diese Mischung in einem Suppenteller abkühlen lassen und mit fein geriebenen Brotkrümel zu korkenförmigen Kroketten rollen und in heißem Schmalz braten. Auf einer Serviette mit Petersilie und Zitronenschale servieren.

Falsche Foie Gras-Pastete.
FRAU BLAIR.

Reiben Sie den Boden einer Schmorpfanne fünfmal mit einem Stück frisch geschnittenem Knoblauch ein, geben Sie drei Pfund gespickte Kalbsleber mit zwei gehackten Schalotten, einem Lorbeerblatt, einem Lorbeerblatt, einem Muskatblütenblatt, vier Pfefferkörnern, zwei Gewürznelken, einem Salzlöffel Salz, einem Salzlöffel Würfelzucker und einem halben Pint Brühe hinein und lassen Sie alles vier Stunden leicht köcheln. Dann schneiden Sie die Leber in dünne Scheiben, legen Sie sie in eine Schüssel und bedecken Sie sie mit der Flüssigkeit. Lassen Sie sie bis zum nächsten Tag stehen. Dann zerstoßen Sie die Leber zu einer Paste, geben Sie einen Esslöffel Salz und einen Salzlöffel weißen Pfeffer hinzu; geben Sie drei Viertel Pfund geklärte Butter hinzu; zerstoßen Sie alles gut und passieren Sie es durch ein Drahtsieb; geben Sie es in Töpfe; streichen Sie die Oberfläche mit einem Messer glatt, gießen Sie dann heiße geklärte Butter oder Schweineschmalz darüber und bewahren Sie es an einem kühlen Ort auf.

KARTOFFELKROKETTEN.
FRAU JG SCOTT.

Nehmen Sie zwei Tassen kalten Kartoffelbrei, verrühren Sie ihn mit zwei Esslöffeln geschmolzener Butter und drei Eiern, formen Sie Brötchen daraus, bestreuen Sie sie mit Crackermehl oder Semmelbröseln und braten Sie sie.

NIERENEINTOPF.
FRAU SEPTIMUS BARROW.

Ein Esslöffel Mehl, ein halber Esslöffel Salz, ein Salzlöffel Pfeffer, drei Kiemen Brühe oder Wasser, ein Esslöffel Pilzketchup, zwei Unzen Butter oder Speckfett. Zuerst: Die Niere waschen und den Kern entfernen – in dünne Scheiben schneiden; Pfeffer, Salz und Mehl vermischen, die Niere darin wälzen. Kurz in der Butter anbraten, dann Brühe oder Wasser hinzufügen; gut abschäumen und zwei Stunden lang sehr langsam kochen.

Geschmorte Kalbsbries.
FRAU ERNEST WURTELE.

Die Bries zwanzig Minuten in Salzwasser einweichen, dann herausnehmen, gut abtrocknen und die Haut entfernen. Zwanzig Minuten oder eine halbe Stunde vorkochen, danach in etwas Milch dünsten, bis sie weich sind, etwas Salz und Pfeffer hinzufügen, eine kleine Soße aus der Milch zubereiten und servieren. Beim Dünsten einen Wasserkessel verwenden.

KALTES HAUPTGERICHT.
FRAU FRANK DUGGAN.

Ein Hauptgericht, das den Mangel an Fisch zum Mittagessen ausgleicht. Nehmen Sie den Inhalt einer Dose Sardinen, zerkleinern Sie ihn mit einer Silbergabel fein und entfernen Sie dabei Gräten, Schwanzstücke usw., fügen Sie Selleriesalz, Pfeffer und Salz nach Geschmack, einen Esslöffel Zitronensaft, einen viertel Teelöffel Worcestersauce, ein paar Tropfen Harveyssauce und dasselbe mit Sardellensauce hinzu. Fügen Sie einen Esslöffel Kapern hinzu. Mischen Sie das Ganze gründlich mit etwas dicker Sahne (süß) oder Mayonnaise. Formen Sie Miniaturpyramiden und servieren Sie sie auf Salatblättern. Garnieren Sie das Gericht zusätzlich mit Petersilie.

Eine Dose Sardinen reicht für vier Pyramiden. Vor der Mayonnaise kann fein gehackter Sellerie hinzugefügt werden.

GEFÜLLTE TOMATEN (WARZES HAUPTGERICHT)
FRAU JAMES LAURIE.

Sechs Tomaten, 85 Gramm gekochtes weißes Fleisch beliebiger Art, eine kleine Schalotte, ein Teelöffel gehackte Petersilie, Pfeffer und Salz, zwei Esslöffel Semmelbrösel, ein Ei. Das Innere der Tomaten herausnehmen, das Fleisch in sehr kleine Stücke schneiden und mit den Semmelbröseln, Petersilie, Schalotte, Pfeffer, Salz und Ei vermischen. Die Tomaten damit füllen, auf jede ein kleines Stück Butter geben und 15 Minuten in einem guten Ofen backen.

Scheintruthahn.
FRAU HENRY THOMSON.

Drei Pfund Kalbfleisch, ein Viertel Pfund gesalzenes Schweinefleisch, eine Tasse fein gehackte Semmelbrösel (große Kaffeetasse), zwei Eier, ein Teelöffel Salz, die gleiche Menge Pfeffer, ein paar süße Kräuter, vier Stunden dämpfen.

Überbackener Steinbutt mit Crème.
MADAME JT

Einen Liter Milch mit einer Zwiebel, einem Bund Petersilie und einem Bund Thymian zwanzig Minuten kochen; ein wenig kalte Milch und eine viertel Tasse Mehl unterrühren und nach und nach der gekochten Milch sowie Salz, Pfeffer und eine Prise Muskatnuss hinzufügen. Wenn die Masse eingedickt ist, vom Herd nehmen und ein viertel Pfund frische Butter, die Eigelbe, zwei Eier und zwei Esslöffel geriebenen Greyerzerkäse hinzufügen. Durch ein grobes Sieb passieren und über zweieinhalb Pfund gekochten, von den Gräten befreiten und in Flocken zerteilten Fisch gießen. Zuerst eine Schicht Soße, dann eine Schicht Fisch, noch eine Schicht Soße und noch eine Schicht Fisch in die Schüssel geben. Auf die oberste Schicht Soße geben und dick mit Semmelbröseln und geriebenem Greyerzerkäse bestreuen. Eine halbe Stunde im Ofen bräunen und servieren. Diese Menge reicht für zehn oder zwölf Personen.

GELIERTE ZUNGE.
Fräulein Mitchell.

Nehmen Sie eine gepökelte Zunge, lassen Sie sie zwölf Stunden einweichen und kochen Sie sie dann langsam, schälen und häuten Sie sie und legen Sie sie in Ihre Form. Legen Sie eine halbe Packung Gelatine und eine halbe, dünn geschnittene Zitrone bereit, legen Sie sie auf die Zunge und gießen Sie Ihr Gelee darüber. Nehmen Sie die Zunge heraus, wenn sie kalt ist.

SALATE UND SALATDRESSING.

„Um einen perfekten Salat zuzubereiten, muss es einen Verschwender für Öl, einen Geizhals für Essig, einen Weisen für Salz und einen Verrückten geben, der die Zutaten umrührt und gut miteinander vermischt." – SPANISCHES SPRICHWORT.

APFEL-SELLERIE-SALAT.
FRAU RM STOCKING.

Eines Tages aß ich im Haus einer bezaubernden Freundin
von köstlichen blauen Tellern
etwas Gutes, das mich sehr verwirrte.
Das Geheimnis werde ich Ihnen verraten.

2. „Das sieht aus wie Salat, meine Liebe", sagte ich,
„ das ist ganz sicher Sellerie ,
und die Mayonnaise ist gelb und dick und reichhaltig.
Was mag das für ein seltener Geschmack sein?"

3. „Ein fester, würziger Apfel", sagte sie lächelnd,
„in würfelförmige Stücke geschnitten –
ich habe gleiche Teile mit weißem Sellerie verwendet,
und mein Salat war im Handumdrehen fertig."

KRAUTSALAT.
FRAU SMYTHE.

Schneiden Sie einen Kohl in feine Stücke. Legen Sie ihn mit einer in dünne Scheiben geschnittenen Zwiebel ein paar Stunden in Wasser. Gießen Sie das Wasser ab und passieren Sie den Salat durch ein Sieb. Bedecken Sie ihn mit dem Dressing und lassen Sie ihn fünf bis sechs Stunden stehen. Sie können auch ein paar Rüben fein hacken und dazu geben ; dieser Salat ist ein paar Tage haltbar.

SALATSOSSE.

Eine Tasse Sahne, ein Esslöffel Zucker, ein Esslöffel Senf, ein halber Esslöffel Salz und Pfeffer, eine kleine Zwiebel in feine Scheiben geschnitten, ein paar Radieschen in Scheiben geschnitten, zwei hartgekochte Eier. Die Eigelbe in die Sahne rühren, eine Prise Minze, zwei Esslöffel Essig. Wenn die Sahne nicht dick genug ist, zerdrücken Sie Kartoffeln und mischen Sie sie unter. Saure Sahne kann ebenso wie süße Sahne verwendet werden.

HÜHNCHENSALAT.
Fräulein Stevenson.

Ein kaltes Huhn, ein Teelöffel weißer Pfeffer, ein halber Kopf Sellerie, ein Korn Cayennepfeffer, Eigelb von zwei Eiern, ein Esslöffel Essig, ein Esslöffel Kapern, ein Kopf Salat, eine Kieme Salatöl, ein Esslöffel Sahne, Eiweiß zu einem steifen Schaum geschlagen. Das Huhn in kleine quadratische Stücke schneiden und die Haut entfernen. Den Sellerie gut waschen und ebenfalls in gleich große Stücke schneiden. Das Eigelb in eine Schüssel geben, das Öl tropfenweise hineingeben und verrühren, bis die Mischung dicker Sahne ähnelt. Den Essig hinzufügen. Huhn und Sellerie zusammen in eine Salatschüssel geben und die Mischung darübergießen, Pfeffer, Salz und Cayennepfeffer darüber streuen ; alles gründlich mit einer Gabel vermischen. Den Salat am Rand der Salatschüssel anrichten, die Kapern darüber streuen und die Mitte mit Selleriespitzen garnieren.

HUMMER-, HÜHNER- ODER KALBSSALAT.
FRAU AJ ELLIOT.

Schneiden Sie ein Huhn (gebraten oder gekocht) in kleine Stücke, salzen und pfeffern Sie gut, geben Sie ein oder zwei große Sellerieköpfe hinzu und wenn es Hummer ist, etwas Rote Bete und das Eiweiß eines hartgekochten Eies. Zerdrücken Sie das Eigelb mit einer Prise Salz, einem halben Teelöffel Pfeffer, einem großen Teelöffel Senf, zwei Teelöffeln braunem Zucker, einem Teelöffel Olivenöl oder geschmolzener Butter und einem Weinglas Essig; vermischen Sie es gut mit einem gut verquirlten rohen Ei, einem halben Liter saurer oder süßer Sahne und vermischen Sie es mit den anderen Zutaten: garnieren Sie es entweder mit Salat oder Petersilie. Das ist ausgezeichnet.

HÜHNERSALAT MIT SALAT.
FRAU DUNCAN LAURIE.

Nachdem Sie ein paar kalte Hühner gehäutet haben, hacken Sie sie oder teilen Sie sie in kleine Streifen. Mischen Sie ein wenig geräucherte Zunge oder kalten Schinken darunter, eher gerieben als gehackt. Halten Sie ein oder zwei schöne frische Salate bereit, gewaschen, abgetropft und klein geschnitten. Geben Sie den geschnittenen Salat in eine Schüssel und legen Sie das gehackte Huhn dicht darauf in die Mitte. Für das Dressing: die Eigelbe von vier gut verquirlten Eiern, ein Teelöffel weißer Zucker, ein wenig Cayennepfeffer, kein Salz: wenn Sie Schinken oder Zunge zum Huhn haben, zwei Teelöffel scharfen Senf, zwei Esslöffel Essig und vier Esslöffel Salatöl. Rühren Sie diese Mischung gut um, geben Sie sie in einen kleinen Topf und lassen Sie sie drei Minuten (nicht länger) unter ständigem Rühren kochen, stellen Sie sie dann abkühlen und bedecken Sie, wenn sie ganz kalt ist, den Hühnerhaufen in der Mitte des Salats dick damit. Halten Sie als Verzierung ein halbes Dutzend hartgekochte Eier bereit , die nach dem Abziehen der Schale direkt in einen Topf mit kaltem Wasser gegeben werden müssen, damit sie sich nicht verfärben. Schneiden Sie jedes Ei (Eiweiß und Eigelb zusammen) der Länge nach in vier große Stücke gleicher Größe und Form und legen Sie die Stücke rundherum auf den Salat den Hühnerhaufen schräg stellen. Halten Sie auch kalte rote Rüben bereit, schneiden Sie diese in gleich große Kegel und ordnen Sie sie außerhalb des Eierkreises an. Dieser Salat sollte unmittelbar vor dem Mittag- oder Abendessen zubereitet werden. Je kälter er ist, desto besser.

LACHS- ODER HUMMER-SALAT-DRESSING.
FRAU ANDREW T. LOVE.

Zwei Eier, zwei Esslöffel geschmolzene Butter, ein Esslöffel Senf, eine halbe Tasse Milch (mit einer kleinen Prise Backpulver, damit es nicht gerinnt), eine halbe Tasse Essig, Salz und Pfeffer. Senf und Butter vermischen, dann gut verquirlte Eier und Milch, gut umrühren, Essig hinzufügen und leicht kochen, bis die Masse so dick wie Sahne ist. Gehackter Sellerie verleiht ein schönes Aroma und Knusprigkeit. Wenn er im Wasserbad gekocht wird, brennt er weniger leicht an. Das passt gut zu Hühnchen oder Lamm.

ETWAS SCHÖNES FÜR DEN SALATGANG EINES MITTAGESSENS.
FRAU FRANK DUGGAN.

Wählen Sie runde Tomaten gleicher Größe aus, schälen Sie sie und entfernen Sie die Kerne aus dem Stielende. Legen Sie die Tomaten bis kurz vor dem Servieren auf Eis und füllen Sie sie dann mit fein gehacktem und mit Mayonnaise vermischtem Sellerie. Ordnen Sie die gefüllten Tomaten auf Salatblättern auf einem flachen Teller oder einer Platte an. Garnieren Sie das Gericht zusätzlich, indem Sie die Enden des Selleries und Petersilienzweige auf jede Tomate legen. Mit geröstetem Käse, Keksen oder Salzwaffeln servieren. Seien Sie großzügig mit der Füllung. Verwenden Sie reichlich Mayonnaise und Sellerie und füllen Sie die Tomaten bis zum Rand.

SALATSOSSE.
FRAU R. STUART.

Zwei Eier (gut geschlagen), eine Tasse süße Milch, eine halbe Tasse Essig (knapp), ein Teelöffel gemischter Senf, ein Esslöffel Butter (geschmolzen). Pfeffer und Salz nach Geschmack, *gründlich vermischen*. In einen Kessel mit kochendem Wasser geben und umrühren, bis es eindickt (ca. vier Minuten), vor Gebrauch zwei Esslöffel Sahne hinzufügen.

SALAT-SANDWICHES.
FRAU J. LAURIE.

Für 24 Butterbrote nimmt man zwei kleine Tomaten, einen kleinen Salat, ein Bund Kresse, zwei Esslöffel Salatöl, einen Esslöffel Essig, Pfeffer und Salz. Den ganzen Salat fein zerzupfen. Mit dem Dressing gut vermengen und etwas davon auf die Hälfte des Butterbrotes geben. Mit der anderen Hälfte bedecken, zusammendrücken und fein zurechtschneiden.

SALATDRESSING OHNE ÖL.
FRAU GILMOUR.

Die Eigelbe von zwei Eiern, die eine halbe Stunde lang gekocht wurden, ein halber Löffel Senf, ein Esslöffel Zucker, eine Prise Salz, ein wenig Pfeffer. Eine Tasse saure oder süße Sahne, ein Esslöffel Essig.

SALATDRESSING FÜR TOMATEN.
FRAU AJ ELLIOT.

Eine halbe Tasse Butter, eine Tasse gesüßte Milch, eine Tasse Essig, ein Esslöffel Salz, zwei Esslöffel Senf, eine Prise Zucker und Cayennepfeffer und vier Eier. Tomaten in Scheiben schneiden und in Schichten anrichten. Das Gericht mit Salat oder Petersilie garnieren.

ZUBEREITUNG : Milch zum Kochen bringen und Butter darin schmelzen, auf die gut verquirlten Eier gießen, Salz und dann Essig hinzufügen, zuletzt langsam und ständig umrühren. Dann in einem Topf in heißem Wasser kochen, bis die Masse so dick wie Pudding ist, und wenn sie kalt ist, Senf hinzufügen. — Fertiger Senf wird wie folgt hergestellt: zwei Esslöffel Senf, ein Teelöffel Zucker, ein halber Teelöffel Salz, genug kochendes Wasser zum Mischen. Die Hälfte dieser Menge reicht für den normalen Gebrauch. Das obige Rezept eignet sich auch für Hühnchen.

EIER.

Humpty Dumpty saß auf der Mauer.
Humpty Dumpty hatte einen großen Sturz.
Alle Pferde und Männer des Königs
konnten Humpty Dumpty nicht wieder aufrichten.
– MUTTER GANS.

Testen Sie die Frische von Eiern, indem Sie sie in kaltes Wasser legen. Die Eier, die am schnellsten sinken, sind die frischesten.

Versuchen Sie niemals, ein Ei zu kochen, ohne auf die Uhr zu achten. Legen Sie die Eier in kochendes Wasser. In drei Minuten sind die Eier weich gekocht; in vier Minuten ist das Eiweiß gar; in zehn Minuten sind sie hart genug für Salat.

EIER KONSERVIEREN.

FRAU FARQUHARSON SMITH.

(Das hält sie von Juni bis Juni.)

Ein halber Liter frischen Kalk zu fünf Gallonen Wasser nach und nach hinzufügen, zweieinhalb Gallonen am ersten Tag, den Rest am nächsten Tag, dann einen halben Gallon grobes Salz hinzufügen, drei Tage lang zwei- oder dreimal täglich umrühren, danach vorsichtig vier Eier hineingeben. Um die Stärke des Kalkwassertropfens in einem Ei zu testen, von dem Sie wissen, dass es frisch ist, und wenn es schwimmt, ist der Kalk zu stark, fügen Sie einen weiteren Gallon oder mehr Wasser hinzu, bis Sie feststellen, dass das Ei auf den Boden sinkt.

CURÉE-EIER.

Fräulein Mitchell.

Sechs Eier hart kochen, dann schälen und halbieren; nicht zu dicke Butter ziehen lassen, mit Curéepulver abschmecken. Eier auf eine Beilage legen, Curée darüber gießen und mit Petersilie abschließen: ergibt ein hübsches Mittagsgericht.

POCHIERTE EIER.

Nehmen Sie schön geschnittenen heißen Toast mit Butter und etwas Sardellenpaste. Nachdem Sie Ihre Eier pochiert haben, legen Sie sie auf den Toast und streuen Sie fein gehackte Petersilie darüber. Garnieren Sie das Gericht mit Petersilie.

Sardelleneier.

MADAME JT

Drei Eier hart kochen, die ersten zwei Minuten im Wasser wenden. Eine Stunde kochen lassen , halbieren, das Eigelb entfernen und das Eiweiß in kaltem Wasser stehen lassen, damit es sich nicht verfärbt. Drei Sardellen mit einem Esslöffel Butter, einer kleinen Prise Pfeffer, einer Prise Cayennepfeffer, einem halben Teelöffel Zitronensaft und dem Eigelb in einem Mörser zerstoßen. Wenn alles glatt ist, wieder in die Eier geben. Anstelle der Sardellen können auch Sardinen verwendet werden .

GEFÜLLTE EIER.

FRAU W. CLINT.

Drei Eier, ein Teelöffel Butter, ein Teelöffel Petersilie, zwei Esslöffel gehackter Schinken. Die Eier zehn Minuten kochen, die Schale entfernen, längs aufschneiden, das Eigelb herausnehmen, in einer Schüssel zerdrücken, die geschmolzene Butter, den gehackten Schinken und die Petersilie hinzufügen. Die Mischung in das Eiweiß geben. Die beiden Hälften zusammenlegen. Auf einem flachen Teller mit der folgenden weißen Soße servieren: je ein Esslöffel Butter, Mehl und Salz, eine Tasse Milch, ein Salzlöffel Pfeffer. Die Butter schmelzen, das Mehl hinzufügen, dann die Milch (nach und nach) und Pfeffer und Salz hinzufügen.

GEBACKENES OMELETT.

FRAU DUNCAN LAURIE.

Eine Tasse kochende Milch, die Eigelbe von vier Eiern verquirlen, heiße Milch und einen Esslöffel geschmolzene Butter hinzufügen, drei Teelöffel Mehl in etwas kalter Milch anfeuchten, das geschlagene Eiweiß hinzufügen und alles verquirlen, mit Salz und Pfeffer abschmecken. Zwanzig Minuten backen.

KÄSE OMLETT.

FRAU HENRY THOMSON.

Drei Eier, gut geschlagen, geriebener Käse in der Größe eines Eies, Salz, drei Esslöffel frische Sahne.

OMELETT.

Fräulein M'GEE.

Sieben Eier, eine Tasse Milch, ein Teelöffel Mehl, Petersilie, Pfeffer und Salz. Eiweiß und Eigelb getrennt schaumig schlagen, Milch, Pfeffer, Salz, gehackte Petersilie und das in etwas Milch aufgelöste Mehl dazugeben, dann das Eiweiß dazugeben, in die Pfanne geben, drei Minuten auf dem Herd stehen lassen und fünf Minuten in den Ofen stellen.

OMELETTE.
FRÄULEIN MAUD THOMSON.

Das Eigelb von vier geschlagenen Eiern, vier Esslöffel Milch, eine Prise Salz: Das Eiweiß der vier Eier möglichst steif schlagen, zu den oben genannten Zutaten geben, in eine Pfanne geben, bis die Masse stockt und anschließend im Backofen goldbraun backen.

Käsegerichte.

Käsestangen.
FRAU J. MACNAUGHTON.

Mischen Sie eine Tasse guten geriebenen Käses mit einer Tasse Mehl, eine Hälfte Ein Teelöffel Salz, eine Prise Cayennepfeffer und Butter in der Größe eines Eies. Fügen Sie so viel kaltes Wasser hinzu, dass Sie den Teig dünn ausrollen können. In Streifen schneiden und fünf bis zehn Minuten im Schnellbackofen backen.

Jakobsmuschel mit Käse.
FRAU FRASER.

Eine Tasse getrocknete Semmelbrösel in frischer Milch einweichen. Drei Eigelbe hineinschlagen, einen Teelöffel Butter und ein halbes Pfund geriebenen Käse hinzufügen. Gesiebte Semmelbrösel darüber streuen und zartbraun backen. Das Eiweiß der drei Eier steif schlagen, oben draufgeben und für ein paar Minuten wieder in den Ofen stellen.

DER CHAFING DISH.

Ein Genuss und ein herzhaftes Gericht.

WALISISCHES RAREBIT.
Fräulein Grace M'Millan.

Für jede Person ein Ei, einen Esslöffel geriebenen Käse, einen halben Teelöffel Butter, einen Salzlöffel Salz und einige Körner Cayennepfeffer. Kochen Sie alles wie Vanillepudding, bis es glatt ist. Streichen Sie es auf Toast und servieren Sie es sofort.

WALISISCHES RAREBIT.
FRAU BEEMER.

Wählen Sie den reichhaltigsten und besten amerikanischen Käse (kanadischer reicht aus), je milder, desto besser, da das Schmelzen die Stärke hervorhebt. Um fünf Rarebits zuzubereiten, nehmen Sie ein Pfund geriebenen Käse und geben Sie ihn in einen Kochtopf; geben Sie so viel Ale (am besten alt) hinzu, dass der Käse ausreichend dünn wird, etwa ein Glas Wein zu jedem Rarebit. Stellen Sie es über das Feuer und rühren Sie, bis es geschmolzen ist. Halten Sie für jedes Rarebit eine Scheibe Toast bereit (ohne Rinde); legen Sie eine Scheibe auf jeden Teller und gießen Sie so viel Käse über jedes Stück, dass es bedeckt ist. *Sofort* servieren.

GOLDENER BOCK

Ein „Golden Buck" ist lediglich die Zugabe eines pochierten Eies, das vorsichtig auf das Rarebit gelegt wird.

HUMMER NACH NEWBURG-ART.
FRAU JG SCOTT.

Zwei Pfund Hummer, eine halbe Tasse Sahne, zwei Eier (hartgekocht), ein Esslöffel Mehl, zwei Esslöffel Sherry, zwei Esslöffel Butter, Salz und Cayenne-Pfeffer nach Geschmack. Das Hummerfleisch in mittelgroße Stücke brechen, die Eigelbe mit einem Silberlöffel zerdrücken und nach und nach die Hälfte der Sahne hinzufügen. Die Butter in einen Granittopf geben, das Mehl hinzufügen, eine Minute lang langsam kochen lassen, dann den Rest der Sahne hinzufügen und umrühren, bis die Flüssigkeit eindickt. Die erste Mischung hinzufügen und dann das Hummerfleisch und das Eiweiß der in Scheiben geschnittenen Eier, mit Cayenne-Pfeffer und Salz würzen, den Wein hinzufügen und sofort servieren.

HUMMER NACH NEWBURG-ART.
FRAU HARRY LAURIE.

Zwei Esslöffel Butter, ein Esslöffel Mehl, glatt rühren, eine Tasse Sahne hinzufügen, erhitzen und dann eine Dose Hummer hinzufügen. Mit Salz und Pfeffer abschmecken und eine halbe Tasse Sherry oder Portwein, falls gewünscht; sofort auf Toastscheiben servieren. Hühnchen oder Lachs aus der Dose können auf die gleiche Weise zubereitet werden.

AUSTERNCOCKTAIL.
Fräulein Ritchie.

Ein Esslöffel Tomatensoße, ein Schuss Tabasco, eine Prise Meerrettich , etwa ein halbes Dutzend Austern und das Gleiche obendrauf. In kleinen Gläsern auf einem Teller mit zerstoßenem Eis und Austernkeksen servieren.

KRUSTINE.
FRAU A. COOK.

Kochen Sie die Leber von zwei Hühnern (oder Truthahn reicht aus) und zerstampfen Sie sie mit einem Stück Butter in der Größe einer Walnuss, einem Teelöffel Sardellen und etwas Cayennepfeffer zu einer Paste. Auf heißem Toast servieren. Kleine Sardellen im Ganzen, obenauf gelegt, schmecken noch besser.

KUCHEN.

„Wer wagt es, die Wahrheit zu leugnen? In einem Kuchen steckt Poesie." –
LONGFELLOW.

„Bei der Herstellung aller Arten von Gebäck ist Einfallsreichtum, gutes Urteilsvermögen und große Sorgfalt geboten. Verwenden Sie sehr kaltes Wasser und so wenig wie möglich; rollen Sie den Teig dünn und immer von sich weg aus; stechen Sie mit einer Gabel in die untere Kruste, um Blasenbildung zu vermeiden; bestreichen Sie sie dann gut mit Eiweiß und bestreuen Sie sie dick mit Kristallzucker. So erhalten Sie eine feste, reichhaltige Kruste.

"Für alle Arten von Obstkuchen bereiten Sie den Boden wie oben beschrieben vor. Lassen Sie das Obst dünsten und süßen Sie es nach Belieben. Wenn es saftig ist, geben Sie eine dicke Schicht Maisstärke auf das Obst, bevor Sie den oberen Boden darauflegen. Dadurch läuft der Saft nicht aus und der Kuchen bildet eine schöne Geleeschicht. Achten Sie darauf, dass Sie viele Einschnitte in den oberen Boden haben; drücken Sie ihn dann am Rand fest zusammen; streuen Sie etwas Kristallzucker darüber und backen Sie den Kuchen in einem mäßig heißen Ofen."

Kokosnuss-Puddingkuchen.

HERR JOSEPH FLEIG.

(Baker, Grenoble Hotel, NY)

Legen Sie eine dünne Schicht Tortenboden auf eine tiefe Kuchenform, legen Sie einen schönen Rand darauf und geben Sie eine halbe Tasse getrocknete Kokosnüsse hinein. Füllen Sie die Masse mit einer Vanillecreme auf, die wie folgt zubereitet wird: drei Eier, drei Unzen Zucker, verquirlt mit Zitronen-, Vanille- oder Muskataroma, etwas Salz und einen halben Liter Milch. Die Vanillecreme muss drei Viertel Zoll dick sein.

ZITRONENKUCHENFÜLLUNG.

FRAU JAMES LAURIE.

Mischen Sie zwei Tassen weißen Zucker, das Eigelb von drei Eiern, den Saft von zwei Zitronen und die geriebene Schale einer halben Zitrone. Stellen Sie die Mischung auf den Herd und bringen Sie sie zum Kochen. Geben Sie sofort eine Teetasse kochendes Wasser hinzu. Rühren Sie die Mischung glatt. Geben Sie dann zwei Esslöffel Maisstärke, die mit ein wenig kaltem Wasser vermischt wurde, und einen Esslöffel Butter hinzu. Kochen Sie die Mischung, bis eine Creme entsteht.

ZITRONENKUCHEN.
FRAU GEORGE CRESSMAN.

Eine Zitrone reiben, mit zwei Dritteln einer Tasse Wasser zehn Minuten lang zum Kochen bringen, durch ein feines Sieb passieren, dann eine Tasse Zucker, den Saft einer Zitrone und Butter in der Größe eines halben Eis hinzufügen und einige Minuten kochen lassen. Zwei Teelöffel Maisstärke und das Eigelb in einer halben Tasse Milch verrühren und die Mischung einrühren , bis sie dickflüssig wird. Für die Glasur das Eiweiß von zwei Eiern zu steifem Schaum schlagen.

ZITRONENKUCHEN.
FRAU STRANG.

Nehmen Sie zwei Zitronen, drei Eier, zwei Esslöffel geschmolzene Butter und acht Esslöffel weißen Zucker. Pressen Sie den Saft der Zitronen aus und reiben Sie die Schale einer Zitrone ab. Verrühren Sie das Eigelb von drei Eiern und das Eiweiß von einem Ei mit dem Zucker, der Butter, dem Saft und der Schale, dann eine (Kaffee-)Tasse süße Sahne oder Milch. Schlagen Sie alles ein oder zwei Minuten lang. Halten Sie einen mit Teig ausgelegten Teller bereit und gießen Sie die Mischung hinein, die für zwei Kuchen normaler Größe ausreicht. Backen Sie , bis der Teig fertig ist. Schlagen Sie in der Zwischenzeit das restliche Eiweiß zu einem steifen Schaum und rühren Sie vier Esslöffel weißen Zucker hinein. Nehmen Sie die Kuchen aus dem Ofen, verteilen Sie sie zu gleichen Teilen darauf und geben Sie sie schnell wieder in den Ofen , damit sie zartbraun werden. Achten Sie darauf, dass der Ofen nicht zu heiß ist, da die Teigreste sonst zu schnell braun werden und der Kuchen beim Herausnehmen zusammenfällt.

GEBÄCK.

Vier Esslöffel Butter, zehn Teelöffel Mehl, zwei Teelöffel Backpulver, ein Salzlöffel Salz, genug Wasser, um eine sehr weiche Paste zu erhalten.

Falscher Kirschkuchen.
FRAU WW HENRY.

Eine Tasse zerkleinerte Preiselbeeren, eine halbe Tasse gehackte Rosinen, eine halbe Tasse kaltes Wasser, ein Teelöffel Vanille, ein Esslöffel Maisstärke, zwei Drittel Tassen Zucker, ein wenig Salz. Das ergibt einen Kuchen.

HACKFLEISCH.
FRAU HENRY THOMSON.

Ein Pfund Nierenfett, ein Pfund frische Zunge, ein Pfund Äpfel, ein Pfund Zucker, ein Pfund Rosinen, ein Pfund Korinthen, zwei Muskatnüsse, ein großer Teelöffel Zimt, ebenso Nelken und Salz, ein halbes Pfund kandierte Schale.

Kuchenpflanzenkuchen.

FRAU RM STOCKING.

Eine Tasse Zucker, gut verquirlt mit dem Eigelb von zwei Eiern; einen halben Liter Kuchenteig hinzufügen, mit einer Kruste backen, dann geschlagenes Eiweiß mit einem Esslöffel Zucker darüber verteilen; nach einigen Augenblicken wieder in den Ofen stellen.

Rosinenkuchen.

Eine Tasse gehackte Rosinen, eine halbe Tasse gehackte Äpfel, vier Esslöffel Essig, ein Esslöffel Maisstärke, eine Tasse kochendes Wasser, eine Tasse Zucker, eine Prise Salz, vermischen und mit zwei Krusten backen.

SAURER SAHNE-TORTE.

Eine Tasse dicke saure Sahne, eine Prise Salz, ein Ei, eine halbe Tasse Zucker, ein knapper Teelöffel Mehl, eine halbe Tasse Rosinen; Sahne, Zucker und Mehl zusammen schlagen, die Rosinen rund darauf verteilen; mit zwei Krusten backen.

KÜRBISKUCHEN.

FRAU BEEMER.

Eine Kaffeetasse Kürbispüree, mit Milch und geschmolzener Butter oder Sahne auf die richtige Konsistenz reduziert, ein Esslöffel Mehl, eine kleine Prise Salz, ein Teelöffel Ingwer, ebenso viel Zimt, eine halbe Muskatnuss, ein halber Teelöffel Zitronenextrakt, zwei Drittel Tassen Zucker und zwei Eier.

PASTE.

Eine Dritteltasse Schmalz, ein wenig Salz; leicht mit eineinhalb Tassen Mehl vermischen; mit sehr kaltem Wasser anfeuchten, gerade genug, um zusammenzuhalten, und so schnell wie möglich in die richtige Form für die Backform bringen. Die Paste mit Eiweiß bestreichen. In einem heißen Ofen backen, bis sie satt braun ist.

PUDDINGS.

„Probieren zeigt sich beim Probieren."

MANDELPUDDING
FRAU STOCKING.

Ein halber Liter Milch, zwei Eier, zwei gehäufte Esslöffel Ahornzucker, ein gehäufter Esslöffel Maisstärke, mit Mandeln würzen; Milch, Zucker und Maisstärke im Wasserbad kochen, dabei während des Kochens die Eigelbe hinzufügen; in eine Puddingform gießen, mit Eiweiß bedecken und im Ofen bräunen, kalt servieren.

APFEL-TEIG-PUDDING.
FRAU ERNEST F. WURTELE.

Die Äpfel in einer Kuchenform dünsten, wenn sie weich sind, folgenden Teig daraufgeben: ein Ei, je ein Esslöffel Zucker und Butter, je zwei Esslöffel Milch und Mehl, ein Teelöffel Backpulver, 45 Minuten im Ofen bei niedriger Temperatur backen, mit Sahne servieren.

BANANENPUDDING.
FRÄULEIN JP M'GIE.

Zwei Esslöffel Maisstärke, angefeuchtet mit kaltem Wasser, eine Tasse weißen Zucker und eine Dritteltasse Butter. In einer Schüssel verrühren, mit kochendem Wasser übergießen, bis ein dicker Pudding entsteht; die gut geschlagenen Eigelbe von drei Eiern unterrühren und aufkochen. Einige reife Bananen in dünne Scheiben schneiden und den Pudding darübergießen. Schlagsahne daraufgeben oder, falls nicht, das Eiweiß der drei Eier mit Zucker gut schaumig schlagen. Kalt essen.

BROTPUDDING.
FRAU ARCHIBALD LAURIE.

Eine Puddingschüssel mit geschnittenem Brot füllen : eine Schicht Brot, eine Schicht Obst mit Zucker nach Geschmack und kleinen Butterstücken. So weitermachen, bis die Schüssel voll ist, einen Teller darauf legen und mindestens zwei Stunden dämpfen, länger schadet nicht. Einige Minuten vorher herausnehmen, damit der Saft in das oberste Brot eindringen kann.

COTTAGE-PUDDING.
FRAU WW HENRY.

Nachdem Sie eine Tasse Zucker und einen Esslöffel Butter verrührt haben, fügen Sie zwei Eier hinzu und nachdem Sie die Mischung schaumig geschlagen haben, fügen Sie eine Tasse Milch hinzu. Mischen Sie in einem Sieb einen halben Liter gesiebtes Mehl und drei Teelöffel Backpulver gut durch, reiben Sie es durch das Sieb in die fertige Mischung, schlagen Sie es schnell und gießen Sie den Teig in eine große oder zwei kleine Puddingformen. Mit Zucker bestreuen und in einem mäßig heißen Ofen vierzig Minuten backen, bei zwei Puddingformen dreißig . Heiß mit Zitronensauce oder einer anderen süßen Sauce servieren.

ZITRONENSAUCE. – Zwei Eier sehr leicht schlagen, eine Tasse Zucker, einen Esslöffel geschmolzene Butter und einen kleinen Esslöffel Maisstärke hinzufügen und alles gut miteinander verrühren. Dann eine Tasse kochendes Wasser hinzufügen und fünf Minuten unter ständigem Kochen kochen. In einer Schüssel mit heißem Wasser etwas länger kochen, vom Herd nehmen und Zitronensaft hinzufügen.

SCHOKOLADENPUDDING.

Ein Liter Milch zum Kochen bringen, zwei Eier gut verquirlen, nach und nach eine Tasse Zucker hinzufügen. Zwei Drittel Tassen Maisstärke und drei gehäufte Esslöffel geriebene Schokolade, die in heißem Wasser aufgelöst wurde, mit den Eiern und dem Zucker vermischen, in die Milch rühren, bis eine weiche Creme entsteht, einen Teelöffel Vanille hinzufügen und mit Schlagsahne servieren .

SCHOKOLADENPUDDING.
FRAU WJ FRASER.

Ein Liter Milch, ein halber Liter Semmelbrösel, eine Tasse Zucker, drei Eier, drei Esslöffel Schokolade, ein halber Teelöffel Vanilleextrakt. Die Milch aufkochen lassen, die Semmelbrösel erhitzen , wenn sie fast abgekühlt sind, die Eigelbe von drei Eiern schlagen, Zucker und Schokolade zu Brot und Milch hinzufügen. Eine halbe Stunde im Ofen bei niedriger Temperatur backen. Wenn sie abgekühlt sind, das Eiweiß von drei Eiern schlagen und Baisers daraufgeben.

KARAMELLPUDDING.
FRAU RATTRAY.

Nehmen Sie eine Kaffeetasse voll braunen Zucker, stellen Sie ihn in eine Bratpfanne und lassen Sie ihn bei schwacher Hitze brennen. Gießen Sie ihn dann in einen Topf mit anderthalb Litern Milch und stellen Sie ihn aufs Feuer, damit er kocht. Rühren Sie jedoch nicht um, da die Milch sonst platzen könnte. Mischen Sie drei Esslöffel Maisstärke mit etwas kalter Milch und rühren Sie die Stärke ein, wenn Milch und Zucker kochen. Geben Sie die Mischung in eine Form, damit sie kalt wird, und essen Sie sie mit Schlagsahne.

KARAMELLPUDDING.
FRAU WW WELCH.

Ein halber Liter Milch, ein Pfund brauner Zucker, eine Kaffeetasse gehackte Walnüsse, zwei gehäufte Esslöffel Maisstärke, eine Prise Salz. Die Milch in einen Wasserbadtopf geben, wenn sie kocht, die in etwas kalter Milch aufgelöste Maisstärke dazugeben, einige Minuten kochen lassen, den zuvor leicht angebrannten Zucker dazugeben, dann die Nüsse hinzufügen, einige Minuten umrühren, mit Vanille abschmecken, in eine Form geben und mit Schlagsahne essen.

KOKOSSCHWAMM.
Fräulein Lampson.

Zwei Tassen altbackene Biskuitkrümel, zwei Tassen Milch, eine Tasse geriebene Kokosnuss, Eigelb von zwei Eiern und Eiweiß von vier Eiern, eine Tasse weißer Zucker, ein Esslöffel Rosenwasser, etwas Muskatnuss. Die Milch zum Kochen bringen und die Kuchenkrümel hineinrühren. Wenn sie fast kalt ist, die Eier, den Zucker, das Rosenwasser und zuletzt die Kokosnuss hinzufügen. Dreiviertel Stunde in einer gebutterten Puddingform backen. Kalt essen, mit weißem Zucker darüber gesiebt.

HOLLÄNDISCHER APFELKUCHEN, ZITRONENSAUCE.
FRAU STOCKING.

Ein halber Liter Mehl, ein halber Teelöffel Salz, eineinhalb Teelöffel Backpulver, Butter in der Größe eines Eis; Mehl, Salz und Backpulver zusammen sieben und dann die Butter gründlich unterrühren; ein Ei mit zwei Dritteln einer Tasse Milch schaumig schlagen und in die trockene Mischung einrühren; einen halben Zoll dick auf einem Backblech verteilen; schälen, entkernen und in acht Stücke schneiden, vier Äpfel und diese in Reihen in den Teig stecken, zwei Esslöffel Zucker darüber streuen und schnell backen; mit Soße wie folgt servieren: Zwei Tassen kaltes Wasser, ebenso Zucker;

wenn es kocht, drei Teelöffel Maisstärke hinzufügen, die in ein wenig kaltem Wasser aufgelöst ist; vom Herd nehmen, sobald es eindickt und einen Esslöffel Butter und die Schale und den Saft einer Zitrone oder einen Teelöffel Zitronenextrakt hinzufügen; heiß servieren.

FRITTIERTE SAHNE.
FRAU FARQUHARSON SMITH.

Jeder sollte dieses Rezept ausprobieren. Viele werden überrascht sein, wie weiche Sahne in die Kruste eingewickelt werden kann und ob es sich dabei um ein außerordentlich gutes Gericht für ein Abendessen oder zum Mittagessen oder Tee handelt. Wenn der Pudding hart ist, kann er in Ei und Semmelbröseln gewälzt werden. Sobald das Ei das heiße Schweineschmalz berührt, härtet es aus und fixiert den Pudding, der zu einer cremigen Masse weich wird, die sehr köstlich ist. Zutaten: ein halber Liter Milch, fünf Unzen Zucker (kaum mehr als eine halbe Tasse), Butter von der Größe einer Hickorynuss, Eigelb von drei Eiern, zwei Esslöffel Maisstärke und ein Esslöffel Mehl (insgesamt eine großzügige halbe Tasse), eine ein Zoll lange Zimtstange, ein halber Teelöffel Vanille. Geben Sie den Zimt in die Milch und wenn diese kurz vor dem Kochen ist, rühren Sie den Zucker, die Maisstärke und das Mehl ein, die beiden letzteren mit zwei oder drei Esslöffeln extra kalter Milch glattgerieben: rühren Sie es volle zwei Minuten über dem Feuer, damit die Stärke und das Mehl gut kochen; Nehmen Sie ihn vom Feuer, rühren Sie die geschlagenen Eigelbe ein und lassen Sie ihn einige Minuten stehen, damit sie fest werden. Nehmen Sie ihn nun wieder vom Feuer, entfernen Sie den Zimt, rühren Sie die Butter und die Vanille ein und gießen Sie ihn auf eine gebutterte Platte, bis er 3 mm hoch ist. Wenn er kalt und steif ist, schneiden Sie den Pudding in Parallelogramme, etwa 7,5 cm lang und 5 cm breit. Rollen Sie sie vorsichtig zuerst in gesiebten Crackerbröseln, dann in Eiern (leicht geschlagen und gesüßt) und dann noch einmal in Crackerbröseln. Tauchen Sie diese in kochend heißes Schweineschmalz (wenn möglich verwenden Sie dazu einen Drahtkorb). Wenn sie eine schöne Farbe haben, nehmen Sie sie heraus und geben Sie sie vier oder fünf Minuten in den Ofen, damit der Pudding besser weich wird. Mit Puderzucker bestreuen und sofort servieren.

Federpudding.
FRAU WR DEAN.

Ein Esslöffel Butter, eine Tasse weißer Zucker, zwei Eier, ein wenig Salz, eine Tasse gesüßte Milch, zwei Esslöffel Backpulver, drei Tassen Mehl, eineinhalb Teelöffel Aromastoffe. Eine Stunde dämpfen. Mit Soße essen.

FEIGENPUDDING.

FRAU THOM.

Eine Tasse Nierenfett, ein halbes Pfund fein geschnittene Feigen, zwei Tassen Semmelbrösel, eine Tasse Mehl, eine halbe Tasse brauner Zucker, ein Ei, eine Tasse Milch, zwei Teelöffel Backpulver, drei Stunden dämpfen.

GELATINEPUDDING (Rosa.)
FRAU WR DEAN.

Geben Sie eine Unze rosa Gelatine und einen Liter Milch in eine Schüssel und stellen Sie sie auf den Herd, wo sie nicht zu heiß wird. Wenn sich die Gelatine aufgelöst hat, geben Sie die Eigelbe von vier Eiern hinzu, die mit vier Esslöffeln Zucker verquirlt wurden. Rühren Sie gut um und lassen Sie es kurz aufkochen. Geben Sie dann die gut verquirlten Eiweiße mit vier Esslöffeln Zucker und einem Dessertlöffel Vanille hinzu. Geben Sie die Masse in eine Form und lassen Sie sie abkühlen. Nehmen Sie sie dann heraus und garnieren Sie sie mit Schlagsahne. Das ist ein sehr hübsches Gericht.

GRAHAM-PUDDING.
FRAU WW HENRY.

Eineinhalb Tassen Mehl, eine Tasse Milch, eine halbe Tasse Melasse, eine Tasse gehackte Rosinen, ein halber Teelöffel Salz, ein Teelöffel Soda. Das Mehl durchsieben, um es locker zu machen, aber die Kleie wieder in die gesiebte Mischung geben, das Soda in einem Esslöffel Milch auflösen und den Rest der Milch mit der Melasse und dem Salz hinzufügen, diese Mischung auf das Mehl gießen und gut verrühren, die Rosinen hinzufügen und den Pudding in eine Form gießen . Vier Stunden dämpfen, herausnehmen und mit Soße servieren.

Honigwabenpudding.
FRAU BICKELL.

Eine Tasse Mehl mit einer Tasse Zucker, einer halben Tasse Butter und einer Tasse geschmolzener Milch vermischen, fünf gut verquirlte Eier dazugeben, zum Schluss zwei Teelöffel Soda und einen Teelöffel Salz dazugeben. Anderthalb Stunden dämpfen.

MEDLEY-PUDDING.
FRAU THEOPHILUS H. OLIVER.

Drei Eier, das Gewicht von drei Eiern in Butter, in Zucker und in Mehl, die Butter zu einer Creme schlagen. Die gut geschlagenen Eier zu Zucker und Mehl geben. In kleine Teetassen füllen. Zwanzig Minuten backen.

MANITOBA-PUDDING.

FRAU STRANG.

Vier Tassen Mehl, zwei Tassen Nierenfett, zwei Tassen Rosinen, eine Tasse Korinthen, zwei Tassen Zucker (braun), ein wenig Backpulver, ein wenig Zitronenessenz, ein wenig Piment, ein gehackter Apfel, ein wenig Salz, mit einer kleinen Menge Wasser anfeuchten und vier Stunden kochen.

SCHÄUMENDE SAUCE.

Eine halbe Tasse Butter und 1/2 Tasse Zucker schaumig schlagen, in eine Schüssel geben und in einen Topf mit heißem Wasser stellen. Einen Esslöffel heißes Wasser und nach Belieben etwas Vanille dazugeben. Auf eine Art und Weise rühren, bis ein ganz leichter Schaum entsteht.

MARMELADEPUDDING.

FRAU WR DEAN.

Zwei Esslöffel Marmelade, zwei Tassen Semmelbrösel, Butter in der Größe von zwei Walnüssen, ein halber Liter Milch, zwei Eier, zwei Unzen Zucker. Die Butter schmelzen und mit den Semmelbröseln , der Marmelade und dem Zucker vermischen, die gut verquirlten Eier und die Milch dazugeben und in eine gut gebutterte Form , binden Sie ein Tuch fest darüber und lassen Sie es anderthalb Stunden kochen. Mit Soße servieren.

WEIHNACHTS-PLUMPUDDING.

FRAU W. THOM.

Je ein Pfund Rosinen, Korinthen und Talg, drei Viertelpfund Semmelbrösel, ein Viertelpfund Mehl, ein halbes Pfund kandierte Schale, ein halbes Pint Brandy, eine halbe Muskatnuss, ein Viertelpfund brauner Zucker und sechs Eier. Sechs Stunden kochen und bei Bedarf zwei oder drei weitere Stunden dämpfen. Karamellsauce. Eine Tasse brauner Zucker, eine Unze Butter und ein Esslöffel Maisstärke, braun rühren, kochendes Wasser und ein Weinglas Brandy hinzufügen.

ALTER ENGLISCHER PLUM PUDDING.

FRAU JOHN JACK.

Je ein Pfund entsteinte Rosinen, Korinthen, Rindernierenfett, Kristallzucker, Semmelbrösel und Mehl, ein halbes Pfund kandierte Zitronen- und Zitronatschale, gemischt; ein Esslöffel Salz, je ein Teelöffel fein gemahlener

Muskat, Zimt und Nelken, acht frische Eier, eine halbe Unze fein gehackte Bittermandeln, der rote Teil von drei großen Karotten, gerieben, eine Tasse starken Kaffee zum Frühstück, der beim Frühstück abgeseiht wurde, eine Tasse Melasse und genug reinen Apfelwein, um das Ganze auf die richtige Konsistenz zu bringen. Gründlich vermischen und über Nacht an einem warmen Ort stehen lassen, in eine Form oder einen Puddingbeutel geben, fest zubinden und zwölf Stunden leicht kochen lassen. Zum Servieren eine Soße aus Mehl, Wasser, Butter und Zucker zubereiten und mit Brandy abschmecken. Den Pudding auf eine heiße Platte geben, einen Zweig Stechpalme mit Beeren in die Mitte stecken, ein Weinglas Brandy darum gießen und anzünden.

ENGLISCHER PLUM PUDDING.
FRAU BLAIR.

Zweieinhalb Pfund Rosinen, drei Viertel Korinthen, zwei Pfund feinster feuchter Zucker, zwei Pfund Semmelbrösel, sechzehn Eier, zwei Pfund fein gehacktes Nierenfett, sechs Unzen gemischte kandierte Schalen, Saft und Schale von zwei Zitronen, eine Unze gemahlener Muskat, eine Unze Zimt, eine halbe Unze zerstoßene Bittermandeln, eine Kiste Brandy oder, falls Einwände erhoben werden, jedes verfügbare Aroma. Die Rosinen entsteinen und *zerkleinern* (nicht hacken); die Korinthen waschen und trocknen; die kandierte Schale in dünne Scheiben schneiden; alle trockenen Zutaten gut miteinander vermengen und mit den gut verquirlten Eiern befeuchten; dann die Gewürze unterrühren und wenn alles gut vermischt ist, etwa ein halbes Pfund Mehl hinzufügen und den Pudding in ein neues, festes Tuch geben; oder zwölf Stunden in zwei Formen kochen und mit kräftiger Soße servieren.

PLUM PUDDING OHNE EIER.
FRAU DAVID BELL.

Zwei Tassen Mehl, zwei Tassen Rosinen, zwei Tassen Korinthen, zwei Tassen Talg, ein Esslöffel Zucker, genug Wasser, um einen steifen Teig zu machen, mit gebranntem Zucker färben, nach Geschmack würzen, Salz und Zitronenschale. *Kurz vor* dem Aufkochen ein paar Esslöffel rohen Sago unterrühren; in einem Tuch kochen, nicht in einer Form.

PFLAUMENPUDDING.
MADAME JT

Vier Eier, Eigelb und Eiweiß verquirlt, eine halbe Tasse brauner Zucker, eine Tasse Melasse, eine Tasse entsteinte Rosinen, zwei Tassen Korinthen, eine Tasse Semmelbrösel, zwei Tassen gehacktes Nierenfett, drei Viertel einer geriebenen Muskatnuss, die geriebene Schale einer großen Zitrone, eine Tasse Mehl und ein Teelöffel Backpulver. Dreieinhalb Stunden in einer fest verschlossenen Puddingform dämpfen . gut mit Butter bestreichen und das Wasser *ständig kochen lassen* . Vor dem Servieren dick mit Zucker bestreuen und eine halbe Tasse Brandy darübergießen und anzünden. Dazu eine Soße aus dem Saft und der Schale (gerieben) einer Zitrone servieren, zum Kochen bringen, eine halbe Tasse Zucker, eine halbe Tasse Wasser, einen Esslöffel Maisstärke, eine halbe Tasse Sherry und eine halbe Tasse Brandy dazugeben. Diese Menge reicht für 16 Personen.

PALASTPUDDING.

FRAU SMYTHE.

Zwei Eier, eine Tasse Mehl, eine halbe Tasse Zucker, eine viertel Tasse Butter, ein Teelöffel Backpulver, ein halber Teelöffel Muskatnuss, Butter schaumig schlagen, Zucker, Eier, das mit Backpulver gesiebte Mehl und ebenfalls Muskatnuss hinzufügen. Backform einfetten und eine halbe Stunde backen.

Soße: Ein Esslöffel Butter, ein Esslöffel Mehl, gut miteinander vermischen, langsam etwa eine Tasse kochendes Wasser, drei Esslöffel braunen Zucker und einen Teelöffel Melasse hinzufügen. Langsam kochen, bis die Soße eindickt, und nach Belieben abschmecken.

QUAY-PUDDING.

Eine Tasse Mehl, eine halbe Tasse Zucker, eine viertel Tasse Butter, ein Teelöffel Soda, ein Esslöffel Marmelade, zwei Eier. Butter mit Zucker schaumig schlagen, Eier und Marmelade dazugeben, das mit dem Soda gesiebte Mehl. In eine gebutterte Form geben und zwei Stunden dämpfen und mit Zitronensauce servieren.

Eisenbahnpudding.

FRAU GEORGE ELLIOTT.

Vier Eier, Eiweiß und Eigelb getrennt schlagen, eine Tasse Zucker zum Eiweiß geben, erneut schlagen, dann das Eigelb hinzufügen, einen Teelöffel Backpulver mit einer Tasse Mehl vermischen und Mehl und Eier vermischen und erneut schlagen. Ein Blatt mit Butterpapier in eine quadratische Pfanne legen und backen. Wenn es fertig ist, auf ein erhitztes Handtuch drehen, mit der Butterseite nach oben, das Papier entfernen und mit dicker Marmelade oder Konfitüre bestreichen, schnell aufrollen und gesüßte Schlagsahne darüber gießen, mit Vanille abschmecken.

REISPUDDING.
FRAU WW HENRY.

Eine Tasse Reis in Wasser weich gekocht, einen halben Liter kalte Milch und ein Stück Butter in der Größe eines Eis, Salz nach Geschmack, Eigelb von vier Eiern und geriebene Zitronenschale hinzufügen. Vermischen und eine halbe Stunde backen. Das Eiweiß von vier Eiern schlagen, einen halben Liter Zucker und den Saft einer Zitrone einrühren. Nachdem der Pudding gebacken und etwas abgekühlt ist, dies darübergießen und im Ofen bräunen. Kalt essen; er hält sich mehrere Tage.

Talgpudding. (einfach.)
FRAU STUART OLIVER.

Dreiviertel Pfund Mehl, ein Viertel Pfund fein gehacktes Nierenfett; mit einem Ei und Milch vermischen.

VICTORIA-PUDDING.
FRAU ARCHIBALD LAURIE.

Das Gewicht von zwei Eiern in Butter, Zucker und Mehl. Butter und Zucker zu einer Creme schlagen, die gut geschlagenen Eier, zwei Esslöffel Marmelade, dann das gesiebte Mehl und einen halben Teelöffel Soda, in kochendem Wasser aufgelöst, hinzufügen. Mindestens drei Stunden dämpfen.

ERDBEERESAUCE FÜR EINFACHE BLANC MANGE.

Das Eiweiß von zwei Eiern, eine Tasse Puderzucker, eine Tasse Erdbeeren. Alles vermischen und steif schlagen.

ERDBEERSAUCE FÜR PUDDINGS.
FRAU WW HENRY.

Eine Tasse feinkörniger Zucker, eine halbe Tasse Butter, zusammen aufgekocht bis eine cremige Masse entsteht (am besten mit einem Holzlöffel), das Eiweiß steif schlagen, dann eine Tasse zerdrückte Erdbeeren hinzufügen und erneut schlagen; zur Mischung geben und gut verrühren.

HARTE SOSSE.
FRAU GAUDET.

1. Eine Tasse brauner Zucker, ein Esslöffel Butter, drei Tropfen Vanille, ein halbes Glas Sherry, leicht geschlagen.

2. Ein Glas Sherry, ein Esslöffel Melasse und ein Esslöffel Zucker.

NACHSPEISEN.

„Pudding zum Abendessen und eine endlose Menge anderer damenhafter Luxusgüter." – SHELLEY.

ORANGER SCHWIMMER.
FRAU ERNEST F. WURTELE.

Ein Liter Wasser, Saft und Fruchtfleisch von zwei Zitronen, eine Kaffeetasse Zucker. Wenn es kocht, vier Esslöffel Maisstärke hinzufügen; 15 Minuten unter ständigem Rühren kochen lassen, wenn es kalt ist, über vier oder fünf geschälte und in Scheiben geschnittene Orangen gießen. Darüber das geschlagene Eiweiß von drei Eiern verteilen. Süßen und ein paar Tropfen Vanille hinzufügen.

SAMTIGE CREME.

Eine große Teetasse Weißwein, den Saft einer schönen Zitrone, eine halbe Unze Hausenblase und Zucker nach Geschmack zusammen kochen lassen, bis fast die gesamte Hausenblase aufgelöst ist, dann abseihen und einen halben Liter Sahne hinzufügen. Fast kalt stehen lassen und dann in die Form geben. Es muss einige Stunden lang zubereitet werden, bevor es herausgenommen wird.

PFLAUMENGELEE.

Etwa drei Dutzend Pflaumen in einen Liter kochendes Wasser geben und eine Stunde kochen lassen, die Pflaumen herausnehmen und entsteinen, wobei die Hälfte der Kerne als Gewürz verwendet wird. Die Pflaumen mit den blanchierten Kernen wieder ins Wasser geben, eine Tasse Zucker hinzufügen und eine weitere halbe Stunde kochen lassen. Eine halbe Packung Cox- Gelatine in Wasser auflösen, dazugeben und weitere zehn Minuten kochen lassen. In eine Form geben und kalt mit Schlagsahne servieren.

GEFRORENER PUDDING.

drei Eiern und etwa einem halben Liter Milch einen Vanillepudding, würzen Sie ihn mit Vanille und einer kleinen Tasse weißem Zucker. Geben Sie vier Esslöffel braunen Zucker in eine Bratpfanne und bräunen Sie ihn gut an. Nehmen Sie ihn vom Herd und rühren Sie, bis er nicht mehr kocht, dann rühren Sie ihn in den Vanillepudding. Geben Sie alles in eine Schöpfkelle oder eine tiefe Schüssel; nehmen Sie eine große Schüssel voll Schnee und grobem Salz, stellen Sie die Schöpfkelle hinein und rühren Sie den

Vanillepudding, bis er ziemlich dick ist. Geben Sie ihn in eine Form und lassen Sie ihn an einem kühlen Ort stehen. Mit Schlagsahne servieren.

PFEILWURZEL-WEIN-GELEE.

Zwei gehäufte Teelöffel Pfeilwurz mit etwas kaltem Wasser anfeuchten und in eine Tasse kochendes Wasser einrühren, in dem zwei Teelöffel weißer Zucker aufgelöst wurden. Umrühren, während es zehn Minuten kocht. Einen Esslöffel Brandy oder drei Esslöffel Sherry hinzufügen. In eine Form geben und kalt mit Vanillecreme als Soße servieren. Das ist sehr gut für Kranke, wenn man die Soße weglässt.

REIS BLANC MANGE.

Ein halbes Pfund gemahlener Reis, ein Liter Milch, drei Unzen Zucker, die Schale einer halben Zitrone, ein halber Teelöffel Vanille. Den Reis zwanzig Minuten lang mit dem Zucker und der Zitronenschale in der Milch kochen, dann die Schale entfernen und die Vanille hinzufügen. In eine feuchte Form geben.

ZITRONENGELEE.

Fräulein Clint.

Ein Päckchen oder zwölf Blatt Gelatine in etwas warmem Wasser auflösen. Dann 3,5 Liter kochendes Wasser, ein Pfund Zucker und den Saft von vier Zitronen hinzufügen. In einer Form abkühlen lassen.

KAFFEE-GELEE.

FRAU GAUDET.

Zwei Esslöffel Kaffee, eine Packung Gelatine, ein Glas Sherry, eingekocht auf ein Pint.

Geeiste Äpfel mit Sahne.

FRAU WW WELCH.

Schälen und entkernen Sie sechs Äpfel; kochen Sie sie in einem Sirup aus einer Tasse Zucker und zwei Tassen Wasser; geben Sie die Äpfel in den kochenden Sirup; wenn sie weich sind, legen Sie sie auf eine Platte, wenn sie abgekühlt sind, bedecken Sie sie mit einer dünnen Schicht Baiser und bräunen Sie sie. Lassen Sie den Sirup kochen, bis er auf eine halbe Tasse reduziert ist. Wenn er kalt ist, bildet sich ein Gelee, das Sie in Quadrate schneiden und über und um die Äpfel verteilen. Kalt mit Zucker und Sahne servieren.

FRUCHTGELEE.

Fräulein Fry.

Zu einer großen Packung Gelatine einen halben Liter kaltes Wasser hinzufügen. Wenn sie aufgelöst ist, den Saft von drei Zitronen, zwei Tassen Zucker und einen halben Liter kochendes Wasser hinzufügen. In Schichten in einer Form anordnen . Vier Bananen und zwei oder mehr Orangen (in Scheiben geschnitten), sechs fein gehackte Kastaniernüsse , sechs Feigen, ein Viertelpfund in kleine Stücke geschnittene Datteln. Gelee darüber abseihen und abkühlen lassen. Mit Schlagsahne servieren. Eine Schicht Okra ist eine Bereicherung.

Apfelkompott.
Fräulein Septimus Barrow.

Nehmen Sie fünf Äpfel, wischen Sie sie ab, schälen Sie sie aber nicht, entfernen Sie das Kerngehäuse aus vier Äpfeln und legen Sie sie in eine tiefe Schüssel. Schneiden Sie den fünften Apfel in Scheiben und legen Sie die Scheiben und eine kleine Zitrone in Scheiben zu den vier Äpfeln. Ein Viertelpfund brauner Zucker wird über die Äpfel gestreut. Ein halber Liter Wasser. Backen Sie sie, bis sie vollkommen weich sind, aber lassen Sie sie nicht ihre Form verlieren. Legen Sie sie in eine Schüssel, drücken Sie die geschnittenen Stücke und seihen Sie sie über die gekochten Äpfel. Kalt essen.

Vesuv-Kartoffeln.
Fräulein Lampson.

Geben Sie etwas Apfelmarmelade hoch in eine Schüssel; legen Sie einige Makkaroni bereit, die in gut abgegossenem Wasser gekocht, mit weißem Zucker gesüßt und mit Brandy gewürzt wurden; schneiden Sie sie in kurze Stücke und legen Sie sie als Rand um die Marmeladenberge; bestäuben Sie das Ganze mit Puderzucker und formen Sie an der Spitze einen Krater mit einem halben Dutzend Zuckerklumpen; gießen Sie ein Viertelliter Brandy darüber, zünden Sie es kurz vor dem Servieren an und stellen Sie es brennend auf den Tisch.

ZITRONENSCHWAMM.
FRAU BEEMER.

Eine halbe Packung Gelatine , Saft von drei Zitronen, ein halber Liter kaltes Wasser, ein halber Liter heißes Wasser, zwei Teetassen Zucker, das Eiweiß von drei Eiern. Eine halbe Packung Gelatine zehn Minuten in dem halben Liter kaltem Wasser einweichen lassen; dann auf dem Feuer auflösen und den Saft der Zitronen mit dem heißen Wasser und dem Zucker hinzufügen. Alles zusammen zwei oder drei Minuten kochen lassen; in eine Schüssel gießen und stehen lassen, bis es fast kalt ist und zu stocken beginnt; dann das gut geschlagene Eiweiß hinzufügen und zehn Minuten verquirlen. Wenn es die Konsistenz eines Biskuits erreicht hat, die Innenseiten der Tassen mit dem Eiweiß anfeuchten, den Biskuit hineingießen und an einem kalten Ort stehen lassen. Mit dünner Vanillecreme servieren, die aus dem Eigelb von vier Eiern, einem Esslöffel Maisstärke, einer halben Teetasse Zucker, einem halben Liter Milch und einem Teelöffel Vanille hergestellt wird. Kochen, bis es dick genug ist, und kalt über dem Biskuit servieren. Der Biskuit sollte 24 Stunden stehen gelassen werden.

ORANGENSOUFFLÉ.

Sechs Orangen schälen und in Scheiben schneiden, eine Tasse Zucker, einen halben Liter Milch, das Eigelb von drei Eiern und einen Esslöffel Maisstärke aufkochen. Sobald die Masse dickflüssig ist, über die Orangen gießen; das Eiweiß zu einem steifen Schaum schlagen; süßen: oben draufgeben und im Ofen bräunen. Kalt servieren. Anstelle von Orangen können auch Bananen verwendet werden, die durch den Kontakt mit der Hitze viel gesünder sind.

GELATINE, MIT FRÜCHTEN.

Nehmen Sie eine 30 Gramm schwere Packung Gelatine und lassen Sie sie eine Stunde lang in einem halben Liter kaltem Wasser einweichen. Nehmen Sie den Saft von drei Zitronen und einer Orange mit drei Tassen Zucker. Geben Sie dies zur Gelatine und übergießen Sie alle drei Liter kochendes Wasser. Lassen Sie dies einmal aufkochen und rühren Sie dabei ständig um. Nehmen Sie zwei gleich große Formen und gießen Sie in jede die Hälfte Ihrer Gelatine. Geben Sie in eine Form eine halbe Tasse kandierte Kirschen und in die andere ein Pfund blanchierte Mandeln. Die Mandeln steigen nach oben. Lassen Sie diese Formen auf Eis oder an einem kühlen Ort stehen, bis sie vollständig fest sind. Am besten 24 Stunden. Wenn Sie sie servieren möchten, lösen Sie die Seiten und geben Sie die Mandelgelatine auf die andere Form auf einem Obstteller. Schneiden Sie sie in Scheiben und servieren Sie sie mit Schlagsahne.

EINFACHES EIS.

Ein halber Liter Sahne, ein halber Liter Milch, eine Tasse Zucker, zwei getrennt geschlagene Eier, das Eiweiß zuletzt hinzugefügt, ein Teelöffel Vanilleextrakt. Gründlich umrühren, aber nicht kochen, es schmeckt auch ohne. Das reicht für sechs Personen. Lösen Sie ein halbes Pfund Makronen in der obigen Mischung auf, bevor sie gefriert, und Sie erhalten ein köstliches Eis .

KLEINIGKEIT.

FRÄULEIN RUTH SCOTT.

Ein halber Liter gut geschlagene Sahne, Zucker und Aromastoffe nach Geschmack. Ein Viertelpfund Makronen, die einige Minuten in Sherry eingeweicht wurden. In eine tiefe Schüssel abwechselnd Makronen und Sahne schichten. Eingelegte Kirschen und Mandeln (ganz) sind eine tolle Ergänzung.

KARAMELLCREME.
FRAU BENSON BENNETT.

Kochen Sie zwei Kaffeetassen braunen Zucker, eigroße Butter und zwei Drittel einer Tasse dünne süße Sahne. Lösen Sie zwölf Minuten nach dem Kochen eine halbe Tasse Gelatine in etwas kaltem Wasser auf, geben Sie diese zur kochenden Mischung und fast einen halben Liter süße Sahne hinzu (bis auf die zwei Drittel einer Tasse, die Sie am Anfang verwendet haben). Abseihen und mit einem Esslöffel Vanille würzen; in eine Puddingform gießen und über Nacht auf dem Eis stehen lassen. Mit Schlagsahne servieren.

CLARET JELLY.
FRAU GILMOUR.

Eine Unze Gelatine, eine Tasse Zucker, Schale und Saft von zwei Zitronen, zwei oder drei Zimtstücke, eineinhalb Pinten Wasser, ein halbes Pint Rotwein, ein Glas Brandy. Wenn Cox's Gelatine oder Lady Charlotte verwendet wird, muss sie zuerst in etwas kaltem Wasser eingeweicht werden, wenn es sich um Blattgelatine handelt, kann kochendes Wasser darüber gegossen werden. Alles zusammen mit dem Eiweiß von drei Eiern in einen Topf geben, aufs Feuer stellen, bis es kocht, und dann durch ein Flanellsäckchen abseihen.

TASSE Vanillepudding.
HERR JOSEPH FLEIG.

(Von Baker zum Grenoble Hotel, NY)

Fünf Eier, 170 Gramm Zucker, ein Liter Milch, Extrakt zum Würzen, Tassen oder Formen mit ungesalzener Butter bestreichen, mit der Vanillecreme auffüllen und in eine mit 2,5 cm Wasser gefüllte Pfanne in einen gut vorgeheizten Ofen stellen.

SPANISCHE CREME.
FRAU WR DEAN.

Eigelb von zwei Eiern, zwei Esslöffel Zucker, zwei Esslöffel gemahlener Reis, ein halber Liter Milch. Die Eier etwas verquirlen. Alles zusammen aufs

Feuer stellen und ständig rühren, bis es eindickt. In ein Glasgefäß gießen und mit blanchierten Mandeln und Zitronatstreifen garnieren.

SPANISCHE CREME.
FRÄULEIN GRÜN.

Weichen Sie eine halbe Packung Gelatine eine halbe Stunde lang in einem halben Liter Milch ein. Währenddessen nehmen Sie zwei Eier (trennen sie), schlagen die Eigelbe mit einer halben Tasse weißem Zucker schaumig und schlagen das Eiweiß zu einem steifen Schaum. Wenn die Gelatine eingeweicht ist, stellen Sie den Kochtopf auf den Herd und lassen Sie Gelatine und Milch aufkochen. Fügen Sie dann die Eigelbe hinzu, nehmen Sie den Topf vom Herd und geben Sie das Eiweiß und einen Teelöffel Vanille hinzu. Geben Sie den Topf in eine feuchte Form und lassen Sie ihn abkühlen.

CHARLOTTE RUSSE.
FRÄULEIN EDITH HENRY.

Um das Gelee für den Boden der Form zuzubereiten, nehmen Sie eine halbe Packung Gelatine , die in etwas mehr als einem Glas Wasser eingeweicht wurde, Zucker nach Geschmack, eine halbe kleine Tasse Wein und genug Cochenille zum Färben. Lassen Sie alles steif stehen. Ein halber Liter süße Sahne, eine halbe Schachtel aufgelöste Gelatine , Wein nach Geschmack, ein Teelöffel Vanille, etwas mehr als eine halbe Tasse Zucker: Schlagen Sie die Sahne steif, fügen Sie dann Zucker, Wein, Vanille und zuletzt die Gelatine hinzu . Gut verrühren und in Ihre mit Okraschoten und Gelee ausgelegte Form gießen .

WEINCREME.
FRAU W. CRAWFORD.

Zwei Tassen Sahne, eine halbe Tasse Zucker, eine Packung Gelatine , in einer halben Tasse Sherry über einem Dampfgarer aufgelöst, nach dem Auflösen in die Sahne abseihen, in eine Form geben und an einem kühlen Ort aufbewahren.

ANANAS-WASSEREIS.
FRAU HARRY LAURIE.

Zwei große, saftige Ananas, 1,5 Pfund Zucker, ein Liter Wasser, Saft von zwei Zitronen. Die Ananas schälen, reiben und den Saft der Zitronen dazugeben. Zucker und Wasser zusammen fünf Minuten kochen lassen. Wenn es kalt ist, die Ananas dazugeben und durch ein Sieb passieren. In den Gefrierschrank stellen und einfrieren.

ZITRONENWASSEREIS.

Vier große, saftige Zitronen, ein Liter Wasser, eine Orange, eineinhalb Pfund Zucker. Zucker und Wasser zum Kochen bringen. Die gelbe Schale von drei Zitronen und der Orange abschneiden, zum Sirup geben, fünf Minuten kochen und abkühlen lassen. Den Saft von Orange und Zitrone abschütten, zum kalten Sirup geben, durch ein Tuch passieren und einfrieren.

GEROLLTES GELEE.
FRAU WW WELCH.

Zwei Eier, Eigelb und Eiweiß getrennt geschlagen. Nehmen Sie das Eigelb und schlagen Sie es mit einer Tasse Zucker und drei Esslöffeln Milch zu einer Creme. Fügen Sie dann eine Tasse Mehl, einen gehäuften Teelöffel Backpulver und zuletzt das gut geschlagene Eiweiß hinzu. Heben Sie auch nach Belieben ab. Nach dem Backen auf ein feuchtes Tuch legen und die Außenränder abschneiden, mit Konfitüre bedecken, in das Tuch rollen und zehn Minuten stehen lassen. Mit Schlagsahne essen.

JUNKET.
FRAU STUART OLIVER.

Einen Liter Milch leicht erwärmen, aufgelöste Junket-Tabletten und zwei oder drei Esslöffel Zucker hinzufügen. An einem warmen Ort in der Nähe des Feuers aufbewahren, bis es fest ist. Dann bis zum Servieren an einen kühlen Ort stellen. Mit Sahne und Ahornzucker oder Konfitüre servieren.

KUCHEN.

„Mit richtigen und wahren Gewichten und Maßen,
einem gleichmäßig erhitzten Ofen,
gut gebutterten Backformen und ruhigen Nerven
wird der Erfolg vollkommen sein."

„Beim Kuchenbacken sollten die Zutaten von höchster Qualität sein – das Mehl superfein und immer gesiebt; die Butter frisch und süß und nicht zu stark gesalzen. Kaffee A oder Kristallzucker eignen sich am besten für Kuchen. Beim Aufschlagen und Trennen der Eier ist große Sorgfalt geboten , und ebenso auf ihre Frische. Schlagen Sie jedes Ei einzeln in eine Teetasse und dann in die Gefäße, in denen es geschlagen werden soll. Verwenden Sie niemals ein Ei, wenn das Eiweiß am wenigsten verfärbt ist. Entfernen Sie vor dem Schlagen des Eiweißes jedes Eigelb. Wenn etwas davon übrig bleibt, verhindert dies, dass es so steif und trocken wird wie gewünscht. Tiefe Tonschüsseln eignen sich am besten zum Mischen von Kuchen und ein Holzlöffel oder -paddel ist am besten zum Schlagen von Teig geeignet. Bevor Sie mit der Zubereitung Ihres Kuchens beginnen, stellen Sie sicher, dass alle erforderlichen Zutaten zur Hand sind. Auf diese Weise kann die Arbeit in viel kürzerer Zeit erledigt werden.

"Die Leichtigkeit eines Kuchens hängt nicht nur von der Zubereitung, sondern auch vom Backen ab. Es ist äußerst wichtig, die Hitze des Ofens richtig einzuschätzen. Sie muss je nach dem Kuchen, den Sie backen, und dem verwendeten Herd reguliert werden . Fester Kuchen braucht ausreichend Hitze, damit er aufgeht und schön braun wird, ohne anzubrennen. Sollte er zu schnell braun werden, decken Sie ihn mit dickem braunem Papier ab. Alle leichten Kuchen brauchen schnelle Hitze und sind nicht gut, wenn sie in einem kalten Ofen gebacken werden. Kuchen mit Melasse als Zutat verbrennen schneller und sollten daher in einem mäßig heißen Ofen gebacken werden. Jede Köchin sollte ihr eigenes Urteilsvermögen einsetzen und durch häufiges Backen in kürzester Zeit anhand des Aussehens von Brot oder Kuchen erkennen, ob diese ausreichend durch sind."

KUCHEN MIT DER SCHRIFT.
FRAU STOCKING.

Eine Tasse Butter   Richter V. 25

Vier Tassen Mehl	I. Könige IV. 22
Drei Tassen Zucker	Jeremia 6, 20
Zwei Tassen Rosinen	Das 12. Buch Samuel
Zwei Tassen Feigen	Das 12. Buch Samuel
Eine Tasse Wasser	1. Mose XXIV, 17
Eine Tasse Mandeln	Jeremia I. 11
Sechs Eier	Jesaja 10,14
Ein Esslöffel Honig	2. Buch Mose 21
Ein Teelöffel Sahne	2. Buch Mose, 12. Buch Mose. 19
Backpulver drei Teelöffel eine Prise Salz	Hiob VI. 6
Gewürze nach Geschmack	I. Könige X. 10

Befolgen Sie Salomons Rat, gute Jungen zu erziehen, und Sie werden einen guten Kuchen haben. – Sprüche XXIII. 13.

WEIHNACHTSFRUCHTKUCHEN.

FRAU THOM.

Ein Pfund Mehl, ein Pfund schaumig geschlagene Butter, sechs einzeln geschlagene Eier, zwei Weingläser Brandy, ein Pfund Zucker, ein Pfund Rosinen, ein Pfund Korinthen, ein Pfund Pflaumen, ein Pfund gehackte Feigen, ein halbes Pfund gemischte kandierte Schalen, ein halbes Pfund Mandeln, ein halber Teelöffel gemischte Gewürze oder Muskatnuss.

FRUCHTKUCHEN.

Zwei Pfund Rosinen, zwei Pfund Korinthen, ein halbes Pfund Zitronat, ein Pfund Zucker, ein Pfund Mehl, acht Unzen Butter, zehn Eier, zwei Muskatnüsse, eine halbe Unze Muskatblüte, ein Esslöffel Nelken, dieselbe Menge Zimt, ein Glas Brandy, ein Esslöffel Backpulver, eine Tasse Melasse. Butter und Zucker schaumig rühren, Eiweiß und Eigelb getrennt schlagen und im Ofen bei niedriger Temperatur backen.

Orangen-Zuckerguss.

Ein Pfund Puderzucker, Saft einer Zitrone und einer Orange, geriebene Orangenschale.

KARAMELLTKUCHEN.

Ein Esslöffel Butter, eine Tasse Zucker, drei Eier, eine halbe Tasse Milch, eineinhalb Tassen Mehl, zwei Teelöffel Backpulver.

FÜLLUNG. – Zwei Tassen Zucker, zwei Drittel Tassen Milch, 13 Minuten kochen lassen, Butter in der Größe eines kleinen Eies und einen guten Teelöffel Vanille hinzufügen, wenn es fertig ist, umrühren, bis die Masse dick genug ist, um sie zu verteilen und nicht zu verlaufen, in drei Portionen backen, dazwischen und oben drauf verteilen.

CHARLOTTE-RUSSE-KUCHEN.
FRAU RICHARD TURNER.

Eine Tasse Mehl, eine Tasse Zucker, drei Eier, zwei Teelöffel Backpulver, drei Esslöffel kochendes Wasser. Backen Sie den Kuchen wie einen Sandwichkuchen.

DIE FÜLLUNG. — Eine große Tasse Sahne, ein Viertel Päckchen Gelatine, in etwas Milch aufgelöst; Sahne steif schlagen, dann Gelatine, Zucker und Aroma nach Geschmack hinzufügen. Die Oberseite mit Zuckerguss überziehen.

Maisstärkekuchen.
FRAU JAMES LAURIE.

Ein halbes Pfund Butter und zwei Tassen weißen Zucker verrühren, die Eigelbe von vier Eiern, eine Tasse Milch, zwei Tassen Maisstärke und eine Tasse gut gesiebtes Mehl, einen gehäuften Teelöffel Backpulver hinzufügen und zuletzt das Eiweiß der vier Eier hinzufügen. Etwas abschmecken und die Formen mit Butterpapier auslegen.

BISKUITKUCHEN. (Großartig.)
FRAU ERSKINE SCOTT.

Schlagen Sie vier Eier mit einer Tasse weißem Zucker eine halbe Stunde lang, mischen Sie dann eine Tasse Mehl unter, gießen Sie, nachdem Sie alles in die Pfanne gegeben haben, etwas Zitronenessenz darüber und backen Sie es sofort.

BISKUITKUCHEN.
FRAU KH MARSH.

Sieben Eier mit dem entsprechenden Gewicht an weißem Zucker eine halbe Stunde lang verquirlen, dann das Gewicht von vier Eiern an Mehl untersieben. Mit etwas Zitrone abschmecken und zwanzig Minuten im Schnellbackofen backen.

BISKUITKUCHEN.
FRAU FARQUHARSON SMITH.

Zehn Eier, sehr frisch, ein Pfund feiner Zucker, das Gewicht von fünf Eiern in Mehl, die Schale von zwei Zitronen und der Saft einer Zitrone. Die Eier auf dem Zucker aufschlagen und zwanzig Minuten mit einer zweizinkigen Tranchiergabel aus Stahl schlagen , bis eine schöne, leichte Creme entsteht, dann die Zitronenschale mit dem Saft einer Zitrone hineinreiben. Das Mehl mehrere Male sieben und dann das Mehl unterrühren, dabei nur ganz vorsichtig und kaum umrühren, denn wenn man zu viel rührt, wird der Kuchen schwer. Mit der Rückseite der Gabel zu sich hin schlagen. Der Ofen sollte zunächst etwas zu schnell sein, bis der Kuchen aufgeht; wenn er zu schnell backt, legen Sie ein Stück weißes Papier darüber und legen Sie gebuttertes Papier in die Formen. NB – Köstlich, wenn richtig gemacht.

BISKUITKUCHEN.
FRAU ANDREW T. LOVE.

Sechs Eier, fünf in Zucker und drei in Mehl, Eiweiß und Eigelb getrennt schlagen, Zitronenaroma.

EINFACHER BISKUITKUCHEN.
FRAU BLAIR.

Vier Eier, zwei Tassen Zucker, drei Viertel Tassen *heißes* Wasser, eine und drei Viertel Tassen Mehl, zwei Teelöffel Backpulver, Salz, mit Zitrone würzen . Die Eier einzeln schlagen. Den Eigelben nach und nach den Zucker hinzufügen. Gut verrühren. Dann heißes Wasser hinzufügen. Das Backpulver mit dem Mehl vermischen und eine Portion hinzufügen, dann einen Teil des gut geschlagenen Eiweißes und so weiter, bis alles verwendet wurde. Würzen. Es wird dünn sein, aber fügen Sie kein weiteres Mehl hinzu, denn es ist in Ordnung. In einem mäßig heißen Ofen backen. Es kann sehr dünn gebacken werden, in Formen wie Dominosteine schneiden; glasieren und die Linien und Punkte mit einem in Schokolade getauchten Kamelhaarpinsel markieren.

CACOUNA-KUCHEN.
FRAU KH MARSH.

Drei Tassen Zucker, zwei Tassen Butter, sieben Eier, ein Pfund Rosinen, ein Glas Wein, eine Muskatnuss, eine Tasse saure Milch und ein Teelöffel Soda, fünf Tassen Mehl. Die Butter zu einer Creme schlagen, dann den Zucker und die Eier (gut geschlagen), die Früchte, Gewürze und den Wein hinzufügen, dann das Mehl und zuletzt das in einer Tasse saurer Milch aufgelöste Soda.

KÖSTLICHES ENGELSESSEN.
Fräulein Ritchie.

Schlagen Sie das Eiweiß von elf Eiern zu einem steifen Schaum, rühren Sie dann vorsichtig anderthalb Tassen gesiebten Kristallzucker (oder noch besser Puderzucker), einen Teelöffel Vanille und eine Tasse Mehl ein, das fünfmal mit einem Teelöffel Weinstein gesiebt wurde; fügen Sie dies sehr vorsichtig hinzu und mischen Sie es gründlich, geben Sie es in eine ungefettete Pfanne und backen Sie es etwa fünfundfünfzig Minuten lang in einem mäßig heißen Ofen. Wenn es fertig ist, drehen Sie es um und wenn es abgekühlt ist, fällt es entweder heraus oder kann leicht mit einem Messer aus der Pfanne entfernt werden.

SCHOKOLADENKUCHEN.
FRÄULEIN MA RITCHIE.

Zwei Unzen Schokolade in fünf Esslöffeln kochendem Wasser auflösen. Eine halbe Tasse Butter schaumig schlagen und nach und nach eineinhalb Tassen Zucker hinzufügen; die Eigelbe von vier Eiern hinzufügen und gründlich verrühren; dann die Schokolade, eine halbe Tasse Sahne oder Milch, eine und dreiviertel Tasse Mehl, zwei gehäufte Teelöffel Backpulver und einen Teelöffel Vanille hinzufügen. Das Eiweiß zu einem steifen Schaum schlagen, vorsichtig in die Mischung einrühren und schon ist es bereit zum Backen entweder in einer Kastenform oder in dreilagigen Kuchenformen. Mit gekochter, mit Schokolade aromatisierter Glasur überziehen.

SCHOKOLADENKUCHEN.
FRAU G. CRESSMAN.

Eineinhalb Quadrate Schokolade, geschmolzen in einer halben Tasse Milch, zwei Eier, Eiweiß von einem Ei für die Glasur zurückbehalten, eine Tasse Zucker, ein Teelöffel Soda in einer halben Tasse Milch und eineinhalb Tassen Mehl. In einer Fettpfanne backen. Gekochte Glasur, eine Tasse Zucker und Eiweiß von einem Ei.

AHORN-CREME-KUCHEN.

Eine Tasse Zucker, zwei Eier, zwei Esslöffel Butter, etwas weniger als zwei Tassen Mehl, zwei Teelöffel Backpulver. In zwei Formen backen. Zuckerguss, anderthalb Tassen Ahornzucker, eine halbe Tasse Sahne, kochen, bis es ziemlich dick ist, dann schlagen, bis es cremig ist, das Eiweiß eines Eies hinzufügen und weiterschlagen, bis es dick ist.

KAKAOKUCHEN.
FRÄULEIN MAUD THOMSON.

Eine halbe Tasse Butter mit einer Tasse Zucker zu einer Creme verrühren, die geschlagenen Eigelbe von zwei Eiern hinzufügen und gut verrühren. Eineinhalb Tassen Mehl, einen Teelöffel Backpulver und zwei Teelöffel Kakao vermischen, das Eiweiß gründlich steif schlagen, eine halbe Tasse Milch abmessen und dann abwechselnd etwas Milch und Mehl zur Eiermischung geben, zuletzt das Eiweiß und einen Teelöffel Zitrone oder Vanille hinzufügen. In einer flachen Pfanne etwa zwanzig Minuten backen und dann mit normalem Kakao-Zuckerguss überziehen.

GLASUR. — Mischen Sie einen halben Teelöffel Kakao mit einer Tasse Puderzucker, fügen Sie einen Esslöffel Zitronensaft und einen Esslöffel kochendes Wasser hinzu oder genug, um aus dem Zucker eine Paste zu machen, die sich setzt, sobald Sie aufhören zu rühren. Sofort auf dem heißen Kuchen verteilen.

MAISKUCHEN.
FRAU WW HENRY.

Eine Tasse Maismehl, eine Tasse Mehl, zwei Teelöffel Backpulver, mit dem Mehl gesiebt, ein Ei, zwei Esslöffel geschmolzene Butter, zwei Esslöffel Zucker, etwas Salz, eine und ein Viertel Tassen gesüßte Milch, im Schnellofen backen.

CREWE-KUCHEN.
FRAU MC

Ein Pfund Zucker, ein Pfund Mehl, drei Teelöffel Backpulver, fünf Eier, ein halbes Pfund Butter, ein wenig Milch, Vanille- oder Zitronenaroma.

WEIHNACHTSKUCHEN.
FRAU GEORGE M. CRAIG.

Eine Tasse geschmolzene Butter, eine Tasse Milch, eine Tasse Zucker, eine Tasse Melasse, sechs Eier, sechs Tassen Mehl, zwei Pfund Korinthen, zwei Pfund Rosinen, zwei Unzen Schale, ein Teelöffel Durkees Backpulver auf jede Tasse Mehl.

KOKOSKUCHEN. (Großartig.)

VERMISSEN. BEEMER.

Zwei Tassen Zucker und eine halbe Tasse Butter zu einer Creme schlagen, langsam eine Tasse Milch hinzufügen; zwei Teelöffel Backpulver mit drei Tassen Mehl mischen, nach und nach hinzufügen, vermischen und dann schlagen, zum Schluss das Eiweiß von sechs Eiern zu einem steifen Schaum schlagen und einen Teelöffel Zitronenextrakt. Dies kann in Schichten (drei) zubereitet oder in einer quadratischen Pfanne gebacken werden.

GLASUR.

Eiweiß von zwei Eiern, ein halbes Pfund Kokosnuss und genug Puderzucker, um es ausreichend steif zu machen, ein Teelöffel Zitronenextrakt.

SAHNETORTE.
FRAU WR DEAN.

Eine Tasse Butter, eine Tasse Sahne oder saure Milch, zwei Tassen Zucker, drei Tassen Mehl, vier Eier, ein Teelöffel Soda, mit Essig vermischt und zum Schluss untergerührt. In flachen Formen backen.

Eisenbahnkuchen.

Eine Teetasse Mehl, eine Tasse Zucker, zwei Teelöffel Weinstein, ein halber Teelöffel Soda, vier Eier. Das ergibt einen dicken Teig. Die Pfanne einfetten und etwa zehn Minuten backen.

BERGKUCHEN.

Ein Pfund Zucker, ein Pfund Mehl, ein halbes Pfund gut geschlagene Butter, eine Tasse süße Milch, sechs Eier, ein Teelöffel Weinstein, ein halber Teelöffel in der Milch aufgelöstes Soda.

BERGKUCHEN.
FRAU BENSON BENNETT.

Dreiviertel Tassen Butter und zwei Tassen Zucker zu einer Creme schlagen, vier sehr leicht geschlagene Eier, drei Tassen Mehl mit zwei Teelöffeln Weinstein, eine halbe Tasse gesüßte Milch mit einem Teelöffel Backnatron, etwa fünfundzwanzig Minuten backen.

MARMORKUCHEN.
FRAU WR DEAN.

Eine Tasse weißer Zucker, eine viertel Tasse Butter, drei Eier (Eiweiß und Eigelb getrennt geschlagen), eine halbe Tasse Milch, zwei Tassen Mehl, zwei Teelöffel Backpulver. Teilen Sie diesen Teig in drei Teile. Geben Sie in einen Teil ein Stück Schokolade, das in etwas heißem Wasser aufgelöst wurde, in einen anderen Teil einen Teelöffel Cochenille, um es zu färben. Nehmen Sie abwechselnd einen Löffel jeder Farbe (weiß, braun, rosa) und backen Sie ihn in einer langen Blechpfanne.

GLASUR.

Gut geschlagenes Eiweiß, ein Teelöffel Vanille und Puderzucker.

MARMORKUCHEN.
Fräulein Mildred Powis.
(Leichtes Teil.)

Eine viertel Tasse Butter, drei viertel Tassen weißer Zucker, eine viertel Tasse Milch, eine Tasse Mehl, Eiweiß von zwei Eiern, ein Teelöffel Backpulver.

DUNKLER TEIL.

Eine viertel Tasse Butter, eine halbe Tasse brauner Zucker, eine viertel Tasse Melasse, eine viertel Tasse Milch, ein und eine viertel Tasse Mehl, Eigelb von zwei Eiern, ein guter Teelöffel Backpulver, je ein halber Teelöffel (gut) Nelken, Zimt, Muskatnuss und Muskatblüte. Von jedem Teil löffelweise in die Pfanne geben.

MAKRONEN-TARTE.

HERR JOSEPH FLEIG.

(Baker, Grenoble Hotel, NY)

Machen Sie eine Paste aus drei Viertel Pfund Mehl, fünf Unzen Zucker, einem halben Pfund Butter und zwei Eiern. Rollen Sie einen Teil davon zu einer viertel Zoll dicken Schicht aus und verteilen Sie diese in einer flachen, runden Kuchenform, die etwa einen halben Zoll tief ist. Backen Sie sie ganz leicht. Wenn sie kalt ist, bestreichen Sie sie mit einer dünnen Schicht Marmelade oder Gelee, geben Sie dann mit einem Beutel und einem Sternform-Gebäck Streifen von Makronen darüber und backen Sie sie in einem langsamen Ofen schön braun . Geben Sie nach dem Backen der Torte etwas Zuckerguss zwischen die Streifen .

PASTE FÜR MAKRONEN UND MAKRONENTARTE.

Nehmen Sie ein Pfund Hoide's Mandelpaste und vermischen Sie diese fein mit einem Pfund Puderzucker. Fügen Sie dann nach und nach das Eiweiß von etwa acht Eiern hinzu, bis die Paste glatt und weich genug ist, um durch den Beutel und die Tube zu passen. Für Makronen machen Sie die Paste weicher und verwenden Sie eine runde Tube oder einen Teelöffel. Backen Sie sie auf Papier im langsamen Ofen.

BUCKEYE-KUCHEN.
FRAU POLLEY.

Zwei Tassen Zucker, zwei Drittel Tassen Butter, drei separat geschlagene Eier, eine Tasse gesüßte Milch, zwei Teelöffel Backpulver, gesiebt mit drei Tassen Mehl, ein Teelöffel Zitronenextrakt.

HARRISON-KUCHEN.

Eine Tasse Zucker, eine Tasse Butter, vier gut geschlagene Eier, eine Tasse Melasse, ein Pfund entkernte Rosinen, je ein Teelöffel Salbei , Nelken, Zimt und Piment, eine Muskatnuss und vier Tassen Mehl.

ORANGENKUCHEN.

FRAU AJ ELLIOTT.

Zwei Tassen Mehl, eine knappe Tasse Milch, eine Tasse Zucker, eine halbe Tasse Butter, zwei Eier, ein Teelöffel Soda und zwei Teelöffel Weinstein. In sechs Teile teilen und so dünn wie möglich in gleich große Pfannen streichen. Etwa drei Minuten backen: Wenn es fertig ist, zusammenlegen und dazwischen Schichten der Orangenfüllung legen. Zubereitung: Zucker und Butter schaumig schlagen, dann Milch hinzufügen, in der sich Soda und Weinstein aufgelöst haben , dann die gut verquirlten Eier und zuletzt das Mehl, in das eine Prise Salz geträufelt wurde. Gut verquirlen und nicht an der Butter sparen.

ORANGENFÜLLUNG. — Den Saft und einen Teil der geriebenen Schale von zwei Orangen, dann eine Tasse Zucker hinzufügen. Einen Esslöffel Mehl in einer Tasse Wasser auflösen, das nach und nach hinzugefügt wird, dann das Eigelb gut verquirlen, gut vermischen und in einem Dampfgarer kochen, bis es so dick wie Pudding ist, oder etwa eine dreiviertel Stunde kochen lassen. Der Dampfgarer ist am sichersten, da das Mehl sonst am Topf kleben bleibt.

ORANGENKUCHEN.

Fräulein Fry.

Zwei Tassen Mehl, eine Tasse Zucker, eine halbe Tasse Milch, zwei Teelöffel Backpulver, ein Esslöffel Butter, ein Esslöffel Orangensaft, zwei Eier. Eier und Zucker schlagen, Butter (geschmolzen), Orangensaft und Schale einer Orange, dann Milch hinzufügen. Mehl und Pulver hinzufügen und eine halbe Stunde backen. Füllung: Saft und Schale einer Orange, je ein Esslöffel Zitronensaft und Maisstärke, zwei Esslöffel Zucker, ein Teelöffel Butter, ein Ei. Orangensaft, Schale und Zitronensaft in eine Tasse geben, dann mit kaltem Wasser auffüllen. Wenn es kocht, Maisstärke mit kaltem Wasser hinzufügen. Eigelb mit Zucker schlagen , diesen hinzufügen, dann Butter .

Wenn es kalt ist, zwischen den Schichten verteilen. Glasur. Eiweiß von zwei Eiern schlagen, drei Viertel Tassen Puderzucker hinzufügen.

DAME KUCHEN.
FRAU GEORGE LAWRENCE.

Eine halbe Tasse Butter, eineinhalb Tassen Kristallzucker, eine Tasse lauwarmes Wasser, zweieinhalb Tassen gesiebtes Mehl, vier Eier, nur das Eiweiß, Saft und abgeriebene Schale einer Zitrone, zwei Teelöffel Vanilleextrakt, zwei Teelöffel Backpulver. Die Butter in einer Tonschüssel mit einem Silberlöffel unter Rühren schaumig schlagen , Zucker unter gründlichem Rühren hinzufügen. Das Mehl sieben, die Hälfte davon und von jeder Tasse ein wenig Wasser hinzufügen, bis die Tasse aufgebraucht ist. Das Eiweiß steif schlagen und trocken machen, eine Hälfte hinzufügen, schlagen, dann das restliche Mehl. Gut schlagen, Saft und geriebene Schale einer Zitrone oder Vanille nach Belieben hinzufügen, dann das Backpulver und den Rest der geschlagenen Eier. Schnell in eine tiefe, gut gebutterte Form geben und eine dreiviertel Stunde backen. Die Form sollte sofort nach der Zugabe des Backpulvers gebrauchsfertig sein . Nach dem Abkühlen mit weißem Zuckerguss bestreichen.

ZITRONENKUCHEN.
FRAU BEEMER.

Eine halbe Tasse Butter mit anderthalb Tassen Zucker gut verrühren, die Eigelbe von drei Eiern und eine Tasse Milch unterrühren; zwei Teelöffel Backpulver mit drei Tassen Mehl gesiebt und abwechselnd mit dem Eiweiß der drei zu einem steifen Schaum geschlagenen Eier hinzugefügt. In einem ziemlich schnellen Ofen in drei gleich großen Formen backen und zwischen den Schichten eine Glasur aus der geriebenen Schale einer Zitrone und dem Saft zweier Zitronen und dreiviertel Tassen Zucker auftragen. Aufkochen lassen und über das gut geschlagene Eiweiß von zwei Eiern streuen. Dieser Kuchen ist fünf oder sechs Tage haltbar.

NUSSKUCHEN.
FRAU GEORGE M. CRAIG.

Eine Tasse Zucker, eine halbe Tasse mit Zucker schaumig geschlagene Butter, vier Eier, ein Esslöffel Milch (falls nötig), ein Viertelpfund fein gehackte Mandeln, zwei Unzen Zitronenschale, zwei Teelöffel Backpulver und eine Tasse Mehl.

NEUER PORTKUCHEN.
FRAU THEOPHILUS OLIVER.

Zwei Eier, eine halbe Tasse weißer Zucker, eine halbe Tasse Butter (geschmolzen), ein Liter Mehl, zwei Teelöffel Weinstein, eine Tasse gezuckerte Milch, ein Teelöffel Soda in heißem Wasser aufgelöst. In einer tiefen Pfanne backen (heiß essen).

EINFACHER KUCHEN.
FRAU GILMOUR.

Eine halbe Tasse Butter, eine Tasse Zucker, drei Eier, zwei Tassen Mehl, zweieinhalb Teelöffel Backpulver, eine Tasse Milch.

SANDWICH-KUCHEN.
FRAU FRANK LAURIE.

Vier Eier, eine Tasse Zucker, eine Tasse Mehl, ein Teelöffel Backpulver; Eigelb und Zucker vermischen, dann das Eiweiß schaumig schlagen, mit Eigelb und Zucker verrühren, dann Mehl und Backpulver hinzugeben und letzteres zum Mehl geben. Im heißen Ofen backen.

SANDWICH-KUCHEN.
FRAU M. SAMPSON.

Zwei Drittel Tassen Zucker, ein Ei, zwei Drittel Tassen Milch, Butter in der Größe eines Eies, eineinhalb Tassen Mehl, zwei Teelöffel Backpulver. Im Schnellbackofen backen.

SPANISCHES BRÖTCHEN.
FRAU THOM.

Eineinhalb Tassen Zucker, vier Eier (das Eiweiß von drei Eiern für die Glasur weglassen), drei Viertel Tassen Butter, eine Tasse Milch, ein Esslöffel Zimt, ein Teelöffel Ingwer, eine halbe Tasse Muskatnuss, zwei Tassen Mehl, drei Löffel Backpulver. In einer gut gefetteten flachen Form backen.

GLASUR.

Nehmen Sie das Eiweiß von drei Eiern, schlagen Sie es zu einem steifen Schaum und geben Sie dann eine Tasse hellbraunen Zucker hinzu. Verteilen Sie dies auf dem heißen Kuchen, geben Sie ihn wieder in den Ofen und lassen Sie ihn bräunen.

WEISSER KUCHEN. (Köstlich.)
FRAU STOCKING.

Eine Tasse Zucker, eine halbe Tasse Butter, Eiweiß von zwei Eiern, eine Tasse Milch oder Wasser, zwei Tassen Mehl, zwei Teelöffel Backpulver, Butter schaumig schlagen, Zucker einrühren, dann Milch oder Wasser, geschlagenes Eiweiß, Mehl und zuletzt den Extrakt hinzufügen.

NUSSFÜLLUNG. — Eine Tasse Milch, eine Tasse Nussfleisch, ein Esslöffel Mehl, ein Ei, eine halbe Tasse Zucker, Salz. Milch, Zucker und Nüsse erhitzen, Ei und Mehl hinzufügen und verrühren; kochen, bis es dick ist.

WALNUSSKUCHEN.
FRAU. PEIFFER.

Eine Tasse Kristallzucker, ein Viertel Butter und zwei Eier schaumig schlagen, dann zwei gehäufte Tassen Mehl und zwei gehäufte Teelöffel viermal gesiebtes Backpulver verrühren: Während das Mehl noch in der Rührschüssel auf der Butter usw. gehäuft ist, einen gehäuften Unterteller gehackte Walnüsse hinzufügen und dann so viel von einer Tasse gesüßter Milch verwenden, wie Sie brauchen, um einen schönen, festen, nicht zu dünnen Teig zu erhalten.

Glasur für Kuchen.

APFELFÜLLUNG FÜR KUCHEN.
FRAU WW HENRY.

Ein geriebener Apfel, eine Tasse Zucker, ein Teelöffel Vanille, das Eiweiß steif geschlagen.

SCHOKOLADENGLASUR.
FRÄULEIN MAUD THOMSON.

Eiweiß, acht Esslöffel Puderzucker, ein Quadratzoll Schokolade, ein halber Teelöffel Vanille. Das Ei nicht schlagen, sondern den Zucker unterrühren, bis eine glatte Masse entsteht. Die Schokolade in eine Teetasse geben und diese in einem Topf mit kochendem Wasser schwimmen lassen. Den Topf abdecken und wenn die Schokolade geschmolzen ist, die Glasur unterrühren, Vanille hinzufügen und auf dem Kuchen verteilen .

SCHOKOLADEN-GLASUR (Original).
FRAU EA PFEIFFER.

Eine Tasse Kristallzucker, zwei Stückchen Schokolade, dick kochen (nicht rühren), dann in das geschlagene Eiweiß einrühren.

GEKOCHTER GLASUR.

Eine Tasse Kristallzucker, gekocht bis er Fäden zieht, dann mit dem Eiweiß von zwei Eiern vermischen und kalt schlagen.

SCHOKOLADENPASTE.
FRAU BENSON BENNETT.

Schmelzen Sie zwei Unzen Schokolade, geben Sie einen Esslöffel Wasser, drei Esslöffel Milch, ein Stück Butter, ein gut verquirltes Ei und eine Tasse Zucker hinzu und machen Sie es wie bei Zitronenmarmelade.

FEIGENKUCHENFÜLLUNG.
FRAU STOCKING.

Ein Pfund Feigen, eine halbe Tasse Zucker, zwei Drittel Tassen Wasser. Feigen fein hacken und mit Zucker und Wasser eindicken.

AHORNSIRUP-GLASUR.

Fräulein MW Zuhause.

Eine Tasse Ahornsirup kochen, bis er in kaltem Wasser leicht hart wird, dann auf das steif geschlagene Eiweiß gießen und ständig rühren, bis es eindickt, dann auf dem Kuchen verteilen.

AHORNZUCKER-GLASUR.

FRAU ALBERT CLINT.

Eine Tasse Ahornzucker, sechs Teelöffel Wasser, eingekocht bis es dickflüssig ist. Eiweiß eines Ei schaumig schlagen und mit dem Sirup verrühren , bis es abgekühlt ist, dann auf dem Kuchen verteilen. Beim Vermischen von Sirup und Ei schnell umrühren.

Orangen-Gelee-Zuckerguss.

Zwei Orangen, eine Zitrone, eine Tasse Zucker, eine Tasse Wasser, ein Esslöffel Maisstärke. Die Schalen abreiben, den Saft von Orangen und Zitrone hinzufügen; die Maisstärke mit etwas Wasser vermischen, in einen Topf geben und unter ständigem Rühren aufkochen lassen, bis die Masse dick und klar ist. Wenn sie ausreichend abgekühlt ist, zwischen den Kuchen verteilen.

WEICHE GLASUR FÜR KUCHEN.

Zwei Tassen weißer Zucker (Teetassen), drei Viertel Tassen süße Milch, ein halber Esslöffel gewaschene Butter. Zehn Minuten kochen lassen, vom Herd nehmen und ständig umrühren, bis die Masse anfängt, einzudicken, dann sofort über die Kuchen verteilen. Geben Sie nach dem Umrühren nach Belieben Aroma hinzu.

CREME-GLASUR.

FRAU RATTRAY.

Nehmen Sie ein Stück Butter, das etwa halb so groß wie eine Mandel ist, waschen Sie es gründlich, um das Salz zu entfernen, schlagen Sie es mit einem Esslöffel Sahne zu einer Creme, würzen Sie es mit ein paar Tropfen Zitrone, Vanille oder einem anderen beliebigen Aroma, verdicken Sie es dann mit Puderzucker und verteilen Sie es mit einem in kaltes Wasser getauchten Messer auf dem Kuchen. Lassen Sie es vor der Verwendung eine Stunde oder länger stehen.

Lebkuchen und kleine Kuchen.

LEBKUCHEN.

FRAU FARQUHARSON SMITH.

Dreiviertel Pfund Butter, zwei Tassen Milch, fünf Tassen Mehl, zwei Tassen Melasse, zwei Tassen Zucker, fünf Eier, vier Esslöffel Ingwer. Butter und Zucker vermischen. Melasse, Milch und Mehl vermischen, dann die Eier, letztere gut, aber nicht getrennt, die Hefe zuletzt hinzufügen, einen Teelöffel Backpulver und zwei Teelöffel Weinstein; wenn saure Milch oder Sahne verwendet wird, muss letztere nicht verwendet werden; eine große flache Pfanne mit gut gebuttertem Papier. In einem mäßig heißen Ofen dauert das Backen etwa eine Dreiviertelstunde. Saure Sahne macht es viel reichhaltiger und es wird nicht ganz so viel Butter benötigt.

BISKUIT-LEBKUCHEN.

FRAU ANDREW T. LOVE.

Vier Eier, drei Tassen Melasse, eine Tasse Zucker, eine halbe Tasse Milch oder Wasser, eine halbe Tasse Butter, drei kleine Esslöffel Ingwer, ein halber Teelöffel Muskatnuss, Nelken, Zimt, eineinhalb Pfund leichtes Mehl, drei Teelöffel Backpulver, Zitronen- oder Vanillearoma.

WEICHE LEBKUCHEN.

FRAU WR DEAN.

Ein Liter Mehl, eine halbe Tasse Butter, ein halber Liter Melasse, zwei Eier, ein Esslöffel Ingwer und zwei Teelöffel Soda, aufgelöst in einem Glas Milch, darin einreiben. Etwa vierzig Minuten backen.

WEICHE LEBKUCHEN.

FRAU BEEMER.

Zwei Tassen Melasse, eine halbe Tasse Backfett (Schweineschmalz), drei Viertel Tassen kochendes Wasser, je ein Esslöffel Ingwer, Zimt und Salbei (Soda), zwei Esslöffel Essig, dreieinhalb Tassen Mehl, ein Teelöffel Salz (gleichmäßig), Melasse und Backfett langsam auf dem Herd schmelzen, Salbei mit dem kochenden Wasser vermischen und zum Obigen hinzufügen, dann den Essig hinzufügen; Ingwer, Zimt und Salz mit dem Mehl vermischen und langsam unterrühren. In einer langen, flachen Form in einem mäßig heißen Ofen etwa eine halbe Stunde backen.

KEKSE.

FRAU WH POLLEY.

Drei Eier, drei Tassen Zucker, eineinhalb Tassen Butter, eine halbe Tasse gesüßte Milch, ein Teelöffel Salbei , ein Esslöffel Kümmel und genug Mehl zum Ausrollen.

MELASSE COOKIES.

Eine Tasse gekochte Melasse, eine halbe Tasse Schweineschmalz, eine halbe Tasse Butter, je ein Teelöffel Ingwer und Salbei , genug Mehl zum Ausrollen.

HAFERFLOCKEN KEKSE.

FRAU WADDLE.

Eine Tasse heißes Wasser, eine Tasse Butter und Schmalz gemischt, eine Tasse Zucker, zwei Tassen Haferflocken, zwei Tassen Mehl, ein Teelöffel Soda in etwas kochendem Wasser, dünn ausrollen und in einem heißen Ofen backen.

KEKSE. (Großartig).

FRAU FRANK GLASS.

Eine Tasse Zucker, eine Tasse Butter, zwei Eier, drei Teelöffel Backpulver, ein Esslöffel Wasser, Mehl zum Ausrollen, ein Teelöffel Vanille, immer nur ein bisschen Teig auf einmal ausrollen.

Ingwerkekse.

Eineinhalb Tassen Melasse, eine Tasse brauner Zucker, eine Prise Ingwer, ein Teelöffel Soda, eine halbe Tasse saure Milch, eine halbe Tasse Butter, eine halbe Tasse Schmalz, Mehl zum Ausrollen.

DONUTS.

Eine halbe Tasse Butter und eine Tasse Zucker, zusammen geschlagen, drei Eier, hell geschlagen, eine halbe Tasse saure Milch, ein Teelöffel Soda, genug Mehl, um es in heißem Schmalz zu braten.

FRITTIERTE KUCHEN.

FRAU HENRY THOMSON.

Eine Tasse Zucker, Butter in der Größe eines Eis, eine Tasse Milch, zwei Eier, ein Liter Mehl, zwei Teelöffel Weinstein, ein halber Teelöffel Soda, Gewürze nach Geschmack.

KRAKEL.
FRAU ARCHIBALD LAURIE.

Eine Tasse saure Sahne, zwei einzeln geschlagene Eier, drei Viertel einer Tasse Zucker, ein halber Teelöffel Soda in kochendem Wasser aufgelöst, ein Teelöffel Weinstein, mit Mehl gesiebt, genug Mehl, um es ziemlich weich auszurollen und in frischem Schmalz zu kochen.

KRAKEL.
FRÄULEIN GRÜN.

Ein halber Liter Sahne, vier Eier, eine Tasse Zucker, drei Teelöffel Backpulver, genug Mehl, um einen ausrollbaren Teig herzustellen.

KROQUIGNOLE.
FRAU A. GRENIER.

Ein halber Liter Sahne, ein halber Liter Milch, vier gut geschlagene Eier, dreiviertel Pfund Kristallzucker, ein Viertelpfund Butter mit dem Mehl vermischt, ein Teelöffel in Essig aufgelöstes Soda, zwei Teelöffel Backpulver, genug Mehl zum Ausrollen.

KROQUIGNOLE.
FRAU ARCHIE COOK.

Drei Eier, eine Tasse Milch, ein Viertelpfund Butter, eineinhalb Tassen Zucker, drei Teelöffel Backpulver, genug Mehl zum Ausrollen und ein wenig Zitronenessenz.

DONUTS.
HERR JOSEPH FLEIG.

(Baker, Grenoble Hotel, NY)

Ein halbes Pfund Zucker, drei Unzen Butter, vier Eier, ein halber Liter Milch, ein wenig Zitronenessenz und zwei Pfund Mehl mit einer Unze Backpulver.

WAFFEL-DURCHSAMMLUNG.

Ein halbes Pfund Zucker, ein halbes Pfund Butter und ein halbes Pfund Mehl, drei Eier und Vanillearoma. Mit Beutel und Rohr auf ein langes, flaches Blech legen und in einem guten Ofen backen.

PUFFETS. (Heißer Teekuchen.)
FRAU BENSON BENNETT.

Eineinhalb Pinten Mehl, drei Eier, eine halbe Tasse Butter, eine halbe Tasse Puderzucker, zwei Teelöffel Weinstein, ebenso viel Soda, ein halber Pint Milch.

Bostoner Cremekuchen.
FRAU JOHN MACNAUGHTON.

Kochen Sie ein Viertelpfund Butter in einem halben Pint Wasser. Rühren Sie unter ständigem Kochen sechs Unzen Mehl ein. Nehmen Sie es vom Herd und rühren Sie nach und nach (wenn es ein paar Minuten abgekühlt ist) fünf gut verquirlte Eier ein. Fügen Sie ein Viertel Teelöffel Soda und ein wenig Salz hinzu. Das obige Rezept ergibt etwa zwei Dutzend Kuchen. Sie müssen zwanzig Minuten bis eine halbe Stunde gebacken werden. Achten Sie darauf, dass sie lange genug backen. Denken Sie nicht, dass sie anbrennen, es sei denn, Sie sehen es.

CREME ZUR FÜLLUNG.

Dreiviertel Liter Milch zum Kochen bringen und während des Kochens zwei Eier, eine Tasse Zucker und eine halbe Tasse Mehl unterrühren, die sehr glatt verrührt wurden. Nach Geschmack abschmecken und den Kuchen nach dem Abkühlen durch einen kleinen Schlitz füllen, den Sie mit einem scharfen Messer in die Seite jedes Kuchens geschnitten haben. Die Kuchen müssen ebenfalls abgekühlt sein, bevor sie gefüllt werden.

DOMINO-KUCHEN.

Mischen Sie so schnell wie möglich zwei Tassen Zucker mit einer Tasse Butter, dann die geschlagenen Eigelbe und zuletzt das steif geschlagene Eiweiß von drei Eiern und einen Teelöffel Zitronenextrakt. Mischen Sie gerade genug Mehl unter, um die Masse sehr dünn auszurollen und in Dominoform zu schneiden. Nachdem die Kuchen in der Pfanne sind, bestreichen Sie sie mit dem Eiweiß eines Eies (mit einer Feder) und bestreuen Sie sie mit Konfekt. Backen Sie sie hellbraun. Diese sind köstlich und hübsch und bleiben lange frisch.

KÖNIGINNENKUCHEN.
FRAU SMYTHE.

Eine Tasse Mehl, vier Esslöffel Zucker, zwei Esslöffel Butter, ein halber Teelöffel Backpulver, ebenso Zitronenextrakt, zwei Eier und ein paar Korinthen. Eier mit Zucker verquirlen, geschmolzene Butter hinzufügen, dann Mehl und Zitronenextrakt, ein paar Korinthen auf den Boden kleiner Formen streuen. Etwa fünfzehn Minuten backen.

SHREWSBURY-KUCHEN.

Fräulein Henry.

Sechs Unzen Zucker mit sechs Unzen Butter zu einer Creme verrühren, zwei gut verquirlte Eier hinzufügen und zwölf Unzen Mehl unterarbeiten. Einen Teelöffel Rosenwasser hinzufügen. Dünn ausrollen und in kleine Kuchen schneiden.

SÜSSWAREN.

„Süßes Fleisch ist ein Vorbote starker Stärke bei einer unerfahrenen Jugend." – SHAKESPEARE.

GESALZENE MANDELN.
FRAU BENSON BENNETT.

Blanchieren, in eine Backform geben und pro Pfund einen Esslöffel Butter hinzufügen. In den Ofen stellen, beobachten und schütteln, bis alle schön gebräunt sind. Herausnehmen und vorsichtig aus dem Fett heben, dick mit Salz bestäuben und sofort an einen kühlen Ort stellen.

BUTTERSCOTCH. (Original.)
FRAU EA PFEIFFER.

Ein Pint Ahornsirup, Butter in der Größe eines Eis, in kaltes Wasser gegeben und steif kochen.

SCHOKOLADENCREMES.
FRAU EDWARD C. POWERS.

Zwei Pfund Puderzucker, ein Viertel Pfund geriebene Kokosnuss, ein Esslöffel Vanille, eine Prise Salz, Eiweiß von drei Eiern (sehr steif geschlagen); alles miteinander vermischen und zu kleinen Kugeln formen; eine halbe Stunde stehen lassen; dann in die so zubereitete Schokolade tauchen: Ein halber Kuchen Bäckerschokolade (fein gerieben), zwei Esslöffel Butter. Die Butter erwärmen; die Schokolade untermischen. Wenn sie abgekühlt ist, die Cremes darin tauchen und zum Aushärten auf einen gebutterten Teller legen.

VANILLE-TAFFIE.

Drei Tassen Kristallzucker, eine Tasse kaltes Wasser, drei Esslöffel Essig. Ohne Rühren kochen, bis Fäden ziehen; einen Esslöffel Vanille hinzufügen; abkühlen lassen; ziehen lassen, bis es weiß ist; in kleine Quadrate schneiden.

EVERTON-TOFFEE.
FRAU FRANK LAURIE.

Geben Sie ein Pfund braunen Zucker, eine Tasse kaltes Wasser und acht Unzen ungesalzene Butter in einen kleinen Einmachtopf und vermischen Sie alles gut miteinander. Rühren Sie, bis alles ganz aufgekocht ist. Testen Sie die Stärke des Toffees wie bei Gerstenzucker.

Butterscotch.
FRAU WR DEAN.

Zwei Tassen brauner Zucker, ein Esslöffel Wasser, Butter in der Größe eines Eis. *Ohne Rühren kochen*. Probieren Sie es in kaltem Wasser und es ist fertig, wenn es auf dem Löffel hart wird. (Fügen Sie nach Belieben einen Teelöffel Vanille hinzu.) Auf gebutterte Teller gießen. Schneiden Sie Quadrate hinein, bevor es hart wird, und wenn es abgekühlt ist, können Sie es sauber abbrechen.

SCHOKOLADEN TOFFEE.

Vier Tassen Zucker (weiß), zwei Tassen Milch, ein Pfund Butter, eine Tasse geriebene Schokolade, Vanille nach Geschmack. Nüsse können hinzugefügt werden. Aufkochen und gründlich schlagen (wie für Sucre à la Crème), auf gebutterte Teller gießen und in Quadrate schneiden.

NUSS-BONBONS.

Zwei Tassen weißer Kristallzucker, eine halbe Tasse gezuckerte Milch. *Etwa zehn Minuten kochen lassen und dreiviertel Tassen gehackte Walnüsse hinzufügen*. Vom Herd nehmen und gründlich schlagen. Wenn die Masse eindickt, auf gebutterte Teller gießen. Auf die gleiche Weise können Kokosbonbons hergestellt werden. Wenn die Bonbons nach dem Schlagen nicht eindicken, sind sie nicht ausreichend gekocht und können wieder auf den Herd gestellt werden. Ständig umrühren, wenn die *Nüsse* drin sind.

Eingelegtes Gemüse.

„Peter Piper hat ein Stück eingelegte Paprika gepflückt." – MOTHER GOOSE.

KANADISCHES TOMATEN-CHUTNEY. (Großartig.)
FRAU RATTRAY.

Ein Viertelstück grüne Tomaten, zwölf große rote Zwiebeln, ein großer Blumenkohl, zwei Knollen Sellerie, zwei Knollen Knoblauch, sechs rote Paprika. Tomaten waschen und trocknen; Zwiebeln schälen, Blumenkohl in kleine Stücke schneiden, Sellerie und Paprika ebenfalls anbraten und den Knoblauch abtrennen. Wenn alles fertig ist, Tomaten und Zwiebeln in Scheiben schneiden und eine dicke Schicht in den Einmachtopf geben, einige der anderen Zutaten damit vermischen, dann grobes Salz darüber streuen und Schicht für Schicht weitermachen, bis alles im Topf ist. 24 Stunden stehen lassen, dann die Flüssigkeit abgießen und Folgendes hinzufügen und alles mindestens zwei Stunden auf dem Herd kochen lassen oder bis es weich ist: drei Pint Essig, drei Pfund brauner Zucker, ein Esslöffel Gewürznelken (gemahlen) und ebenso Zimt, Piment und Pfeffer, eine Unze Kurkumapulver. Alles häufig von unten umrühren, damit es nicht anbrennt.

TOMATEN-CHUTNEY.
FRAU J. MACNAUGHTON.

Ein Viertelstück grüne Tomaten in ein Glas schneiden, über jede Schicht ein wenig Salz streuen und 24 Stunden stehen lassen, dann die Flüssigkeit abgießen; die Tomaten mit je einem Teelöffel der folgenden Gewürze in einen Kessel geben: gemahlener Ingwer, Piment, Nelken, Muskatblüte, Zimt, ein Teelöffel geriebener Meerrettich, zwölf kleine oder drei große rote Paprika, drei Zwiebeln, eine Tasse brauner Zucker, alles mit Essig bedecken; drei Stunden lang langsam kochen.

Eingelegte Holzäpfel.
FRAU J. MACNAUGHTON.

Ein Liter guter Essig, sechs Tassen brauner oder Ahornzucker, je ein Teelöffel Gewürznelken, Zimt und Piment. Essig und Zucker zusammen aufkochen, abschöpfen und Gewürze hinzufügen. Die Blütenenden der Äpfel entfernen und so viele auf einmal hineingeben, wie oben auf dem Essig liegen, ohne dass es zu eng wird, und kochen, bis man sie leicht mit einem Strohhalm durchstechen kann. In Einmachgläsern verschließen.

CHILISOSSE.
FRAU WADDLE.

Sechs große Tomaten, drei kleine grüne Paprika, eine Zwiebel, zwei große Esslöffel Zucker, Salz nach Geschmack, eineinhalb Tassen Essig, geschälte Tomaten, fein gehackte Paprika und Zwiebeln und alles eine Stunde gekocht.

CHOW-CHOW.
FRAU SEPTIMUS BARROW.

Ein Viertelstück fein gehackte grüne Tomaten, ein Dutzend große, fein gehackte Zwiebeln, zwei Liter Essig, zwei Pfund brauner Zucker, je ein Esslöffel Piment und Nelken, je zwei Esslöffel gemahlener Senf, schwarzer Pfeffer und Salz, eine halbe Teetasse geriebener Meerrettich. Alles vermischen und dünsten, bis es ganz zart ist. Häufig umrühren, damit es nicht anbrennt. Heiß in Gläser füllen.

CHOW CHOW.
FRAU EA PFEIFFER.

Zwei Gallonen Tomaten, zwölf Zwiebeln, zwei Quarts Essig (Malzessig), ein Quart Zucker (braun), zwei Esslöffel grobes Salz, ebenso viel Senf und schwarzen Pfeffer, ein Esslöffel Piment und ebenso viel Nelken.

SELLERIE-SAUCE.
FRAU THEOPHILUS OLIVER.

Fünfzehn reife Tomaten, zwei Paprika, fünf große Zwiebeln, siebeneinhalb Esslöffel weißen Zucker, zweieinhalb Esslöffel Salz, drei Tassen Essig, zwei Köpfe Sellerie, gehackte Selleriezwiebeln und Paprika, und alles zusammen anderthalb Stunden kochen.

Senfgurke.
FRAU J. MACNAUGHTON.

Sechs Unzen gemahlener Senf, zwei Unzen Maisstärke, eineinhalb Unzen Kurkuma, eine Unze Currypulver, zwei Liter Weißweinessig. Die Zutaten in kaltem Essig vermischen und beim Kochen in den restlichen Essig einrühren. Eine halbe Stunde lang rühren und über die Gurken gießen, die mit einer starken Salzlake bedeckt und drei Minuten lang gekocht, dann abgeseiht und in Flaschen oder Gläser gefüllt wurden. Dies eignet sich gut für Blumenkohl und reicht für einen großen Kopf, der in kleine Stücke geschnitten werden muss. Andere Gemüsesorten wie Gurken können verwendet werden.

PICKLE FÜR CORN BEEF.
FRAU HENRY THOMSON.

Zwei Gallonen Wasser (am besten weich), zweieinhalb Pfund Salz, ein halbes Pfund Zucker, zwei Unzen Salpeter.

EINGELEGTE PFIRSICHE.
FRÄULEIN EDITH HENRY.

Acht Pfund Pfirsiche, vier Pfund weißer Zucker, ein Liter Essig, eine Unze Zimt, eine Unze Gewürznelken. Wählen Sie große, feste Steinpfirsiche aus, entfernen Sie die Schale und geben Sie sie in ein Glas. Geben Sie Zucker, Essig und Gewürze in einen Kessel, lassen Sie alles aufkochen, schöpfen Sie den Schaum ab und gießen Sie es über die Früchte. Gießen Sie am nächsten Tag den Sirup ab, kochen Sie ihn erneut und gießen Sie ihn über die Pfirsiche. Geben Sie dann am dritten Tag alle Früchte in den Kessel und kochen Sie sie etwa zehn Minuten lang, bis sie weich sind. Wenn Sie gemahlene Gewürze verwenden, geben Sie diese in einen Käsetuchbeutel.

SÜSSE TOMATEN-PICKLE.
FRAU JOHN JACK.

Ein Viertel grüne Tomaten in Scheiben, sechs große Zwiebeln in Scheiben, eine Teetasse Salz darüber streuen, über Nacht stehen lassen, morgens abtropfen lassen, dann zwei Liter Wasser und einen Liter Essig nehmen, fünfzehn oder zwanzig Minuten darin kochen, zum Abtropfen in ein Sieb geben, dann vier Liter Essig, zwei Pfund braunen Zucker, ein halbes Pfund weiße Senfkörner, zwei Esslöffel gemahlenen Piment, dieselbe Menge Nelken, Zimt, Ingwer und Senf und einen Teelöffel Cayennepfeffer nehmen. Alles in einen Kessel geben und fünfzehn Minuten langsam kochen. Befolgen Sie die Anweisungen, und Sie werden sie hervorragend finden.

Tomaten-Ketchup.
FRÄULEIN GRÜN.

Ein Viertel reife Tomaten, ein Liter Zwiebeln in einem Emaillekessel: weich kochen, zerstampfen und durch ein grobes Sieb passieren. Ein Liter oder mehr Essig und zwei bis drei Esslöffel Salz, eine Unze Muskatblüte und je ein Esslöffel schwarzer Pfeffer, Cayennepfeffer und gemahlene Nelken, eineinhalb Pfund brauner Zucker. Mischen und zwei Stunden langsam kochen lassen. In Flaschen füllen und verschließen.

Konserven.

„Der Geschmack dieser Konserven wird Eurer Ehre nicht gefallen." –
SHAKESPEARE.

Obst einmachen.
FRAU M. SAMPSON.

So können Sie Erdbeeren, Himbeeren oder Pflaumen einmachen: Geben Sie zu jedem Pfund Zucker einen halben Liter Wasser und kochen Sie es, bis ein gehaltvoller Sirup entsteht. Lassen Sie es stehen, bis es kalt ist. Füllen Sie Ihre Gläser mit rohem Obst (nicht zerkleinert) und füllen Sie es mit dem kalten Sirup. Setzen Sie die Deckel und Schrauben auf (nicht die Gummiringe) und stellen Sie das Glas bis zum Hals in kaltes Wasser. Sie müssen Stroh oder Späne zwischen die Gläser legen, damit sie sich nicht berühren oder am Boden anbrennen. Lassen Sie das Wasser 15 Minuten lang kochen, füllen Sie die Gläser mit etwas heißem Sirup, setzen Sie Gummiringe auf, schrauben Sie sie fest zu und bewahren Sie sie an einem kühlen, dunklen Ort auf.

Fruchtsaft in Dosen.
FRAU FARQUHARSON SMITH.

Fruchtsaft kann lange aufbewahrt werden, wenn man ihn wie ganze Früchte einmacht. Sie eignen sich gut für Wassereis und Sommergetränke. Zerdrücken Sie die Früchte und reiben Sie das Fruchtfleisch durch ein feines Sieb. Mischen Sie etwa drei Pfund Zucker mit einem Liter Fruchtsaft und Fruchtfleisch. Füllen Sie Einmachgläser mit dem Sirup, decken Sie sie ab und stellen Sie sie in einen Warmhalter mit kaltem Wasser, sodass das Glas fast bis zum Rand bedeckt ist. Lassen Sie das Wasser eine halbe Stunde kochen, füllen Sie dann jedes Glas bis zum Rand, verschließen Sie es und lassen Sie es im Wasser abkühlen.

ZU BRANDY PEACHES.

Fügen Sie zu drei Pfund Zucker anderthalb Pinten Wasser hinzu; kochen Sie es und schöpfen Sie es ab; bereiten Sie acht Pfund reife, steinharte Pfirsiche vor: waschen und mit einem groben Handtuch abreiben, bis alle Flaumschicht entfernt ist, dann mit einer Gabel einstechen und in den Sirup geben und kochen, bis ein spitzer Strohhalm sie durchstechen kann; wenn sie weich werden, geben Sie sie in Ihr Glas, das fest verschlossen bleiben muss. Kochen Sie Ihren Sirup, bis er eindickt, geben Sie, während er heiß ist, einen Liter des besten Brandys hinzu und gießen Sie ihn über Ihre Pfirsiche, binden Sie das Glas fest zu.

JOHANNISBEERE-GELEE.

Korinthen sollten nicht überreif sein. Gleiche Teile von roten und weißen Johannisbeeren oder Johannisbeeren und Himbeeren ergeben ein zart gefärbtes und aromatisches Gelee. Verlesen und entfernen Sie die Blätter und die schlechten Früchte, und wenn sie schmutzig sind, waschen und abtropfen lassen, aber entstielen Sie sie nicht. Zerstampfen Sie sie in einem Porzellankessel mit einem Holzstößel, ohne sie zu erhitzen, da das Gelee sonst dunkel wird. Lassen Sie sie über Nacht in einem Flanellbeutel abtropfen. Drücken *Sie sie nicht* aus, sonst wird das Gelee trüb. Messen Sie morgens eine Schüssel Zucker für jede Schüssel Saft ab und erhitzen Sie den Zucker vorsichtig in einer Tonschüssel im Ofen. Rühren Sie oft um, damit nichts anbrennt: Kochen Sie den Saft zwanzig Minuten lang und schöpfen Sie ihn gründlich ab. Fügen Sie den heißen Zucker hinzu und kochen Sie ihn drei bis fünf Minuten lang oder bis er auf einem Löffel an der Luft eindickt. Füllen Sie ihn sofort in Gläser und lassen Sie sie mehrere Tage in der Sonne stehen, bedecken Sie sie dann mit in Brandy getauchtem Papier und kleben Sie Papier über die Gläser. Ein Experte auf diesem Gebiet empfiehlt, die Beläge mit geschmolzenem Paraffin zu bedecken oder einen Klumpen Paraffin in das noch heiße Gelee zu geben. Nachdem der Saft abgelassen wurde, können die Korinthen ausgepresst und eine zweite Geleequalität hergestellt werden. Diese ist vielleicht nicht eindeutig, wird aber für manche Zwecke geeignet sein.

ORANGEAT.

FRAU DAVID BELL.

Legen Sie die Zitronen- oder Orangenschalen in stark gesalzenes Wasser. Wenn sie weich genug sind, um einen Strohhalm hindurchzustecken, nehmen Sie sie heraus und lassen Sie sie unter ständigem Wasserwechsel einweichen, bis der Salzgeschmack vollständig verschwunden ist. Lassen Sie sie dann in dünnem braunem Zuckersirup köcheln, bis sie klar sind. Nehmen Sie sie heraus, legen Sie sie auf eine Platte und lassen Sie sie ein oder zwei Tage stehen. Kochen Sie den Sirup, bis er dick ist, füllen Sie dann die Schalen damit und legen Sie sie zum Trocknen beiseite.

ZITRONENHONIG. (Füllend.)

FRAU FRANK GLASS.

Ein Pfund Butter, vier Pfund Zucker, zwei Dutzend Eier (acht Eiweiße auslassen), Schale und Saft von einem Dutzend Zitronen. Alles zusammengeben und köcheln lassen, bis es honigartig eindickt. In Gläser füllen , kann jahrelang aufbewahrt werden .

KÜRBISKONFITÜRE.

FRAU HENRY THOMSON.

Schälen und entkernen, dann in 5 bis 7,5 cm große Stücke schneiden, auf einem Teller bis zum nächsten Tag trocknen lassen, dann in die Einmachpfanne geben und knapp mit Melasse bedecken. Geben Sie zu einem mittelgroßen Kürbis 28 g Gewürznelken und etwa einen Esslöffel Ingwer oder so viel, wie Sie möchten; lassen Sie es kochen, bis der Kürbis ganz weich ist. Ein halbes Dutzend Äpfel (sauer), nur entkernt, nicht geschält, ist eine große Verbesserung. Die Melasse darf nur bis zur Oberseite Ihrer Stücke reichen , sie aber nicht fast bedecken .

FRUCHTGELEE.

FRAU DUNCAN LAURIE.

Lösen Sie zwei Unzen Weinsäure in einem Liter kaltem Wasser auf und gießen Sie sie über fünf Pfund Erdbeeren, Johannisbeeren oder Himbeeren. Lassen Sie sie 24 Stunden stehen. Dann seihen Sie sie ab, ohne die Früchte zu pressen oder zu quetschen. Fügen Sie zu jedem halben Liter klaren Saft eineinhalb Pfund weißen Zucker hinzu. Rühren Sie häufig um, bis sich der Zucker aufgelöst hat. Füllen Sie sie dann in Flaschen und verkorken Sie sie luftdicht. Bewahren Sie sie an einem kühlen, dunklen Ort auf. Lösen Sie bei Bedarf eine Unze Weinsäure in einem Liter kaltem Wasser auf. Gelatine in einem halben Liter kochendem Wasser auflösen, eineinhalb Liter Sirup hinzufügen. In eine Form gießen und beiseite stellen, bis die Masse fest ist. Mit Schlagsahne servieren.

TRAUBENGELEE.

FRAU GEORGE ELLIOTT.

Die Trauben in einem Einmachtopf zerdrücken, über das Feuer stellen und garen, bis sie gar sind. Durch ein Gelee-Säckchen passieren und zu jedem halben Liter Saft ein Pfund Zucker hinzufügen. Den Saft zehn Minuten lang kräftig kochen, den im Topf im Ofen erhitzten Zucker hinzufügen und weitere drei Minuten kräftig kochen. Ausgezeichnet.

MARMELADE.

FRAU FARQUHARSON SMITH.

Die Orangen halbieren und mit einem Löffel das Innere herauslösen. Die Schale sehr fein schneiden. Schale und Kerne vom Fruchtfleisch lösen, Schale und Fruchtfleisch vermischen und wiegen. Pro Pfund Obst drei Pint kaltes Wasser darübergießen und 24 Stunden stehen lassen. Kochen, bis die Chips weich sind (etwa anderthalb Stunden). Dabei wird ein Großteil der Flüssigkeit absorbiert. Weitere 24 Stunden stehen lassen. Auf jedes Pfund gekochtes Obst eineinhalb Pfund Zucker geben. Kochen, bis der Sirup geliert und die Chips durchsichtig sind. Kerne und Schale in einer Gallone Wasser kochen und abseihen.

BITTERORANGENMARMELADE.
FRAU R. STEWART.

Ein Dutzend Bitterorangen, drei süße Orangen, drei Zitronen. Die Bitterorangen und Zitronen in *sehr dünne Scheiben schneiden oder* hobeln und die Kerne in eine Schüssel geben; die süßen Orangen schälen oder in Scheiben schneiden. Zu jedem halben Liter Obst vier halbe Liter kaltes Wasser hinzufügen, die Kerne mit Wasser bedecken, 24 Stunden stehen lassen, kochen, bis sie ganz weich sind, und die Kerne in einen Musselinbeutel geben, wenn sie fertig sind: zu jedem Pfund Obst eineinhalb Pfund weißen Zucker hinzufügen und zwanzig bis dreißig Minuten kochen, bis es geliert.

JOHANNISBEERMARMELADE.
FRAU WW HENRY.

Sieben Pfund Korinthen, sechs Pfund Zucker, zwei Pfund Rosinen, zwei Orangen. Eineinhalb Stunden kochen. Den Saft der Korinthen abgießen, die Rosinen entkernen und fein hacken. Die Orangen bis auf die Kerne ganz verwenden und fein hacken.

RHABARBER-MARMELADE.
FRAU THEOPHILUS OLIVER.

Den Rhabarber schälen und in kleine Stücke schneiden, die Schale einer Zitrone in Streifen schneiden und zu je 2 Pfund Rhabarber drei Viertel Pfund weißen Zucker wiegen. Obst und Zucker schichtweise in eine Schüssel geben und über Nacht stehen lassen. Den Sirup abgießen und zwanzig Minuten kochen lassen, das Obst dazugeben und weitere zwanzig Minuten kochen, bis die Marmelade fertig ist und in Töpfe gefüllt werden kann.

KONSERVIERTE ROHRE ANANAS.
FRAU W. COOK.

Schälen Sie die Ananas und entfernen Sie alle Augen. Schneiden Sie die Ananas mit einem scharfen Messer in dünne Scheiben, indem Sie die Seiten abschneiden, bis das Herz erreicht ist. Dieses wird weggeworfen. Wiegen Sie die geschnittene Ananas und geben Sie sie in eine große Tonschüssel. Fügen Sie so viele Pfund Kristallzucker hinzu, wie Pfund Früchte enthalten sind, und rühren Sie gut um. Füllen Sie diese Mischung in Quart- oder Pint-Gläser, verschließen Sie sie fest und stellen Sie sie weg. Die Ananas ist ein Jahr oder länger haltbar und ist perfekt zart und hat ein feines Aroma. Wählen Sie am besten Früchte, die nicht überreif sind.

KONSERVIERTE TOMATEN. (Original).
FRAU EA PFEIFFER.

Nehmen Sie zwei Gallonen große glatte grüne Tomaten, machen Sie eine Gewürzgurke aus drei Pints Essig und einem Quart Wasser, zwei Esslöffeln Salz, je einem Esslöffel Gewürze, Nelken und Zimt, einem Pfund Zucker: brühen Sie die Gewürze zehn Minuten in Essig und Wasser, geben Sie dann die Tomaten hinzu und brühen Sie sie, bis sie weich sind, schneiden Sie sie für den Tisch in Scheiben und gießen Sie die Soße darüber. NB: Geben Sie die Gewürze über die Tomaten und verschließen Sie sie, solange sie noch warm sind; manche mögen sie lieber ohne Salz.

ZUR KONSERVIERUNG VON TOMATEN FÜR DEN WINTER.
FRAU ERNEST F. WURTELE.

Geben Sie zu 15 Pfund Tomaten drei Unzen weißen Zucker und drei Unzen Salz und kochen Sie sie zwanzig Minuten lang sehr stark. Füllen Sie die Halbilitergläser bis zum Rand und schrauben Sie sie fest zu. Wenn sie abkühlen, schrauben Sie sie erneut fest, um sicherzugehen, dass sie wirklich fest sind. Diese Menge reicht für zehn Halbilitergläser . Enthäuten Sie die Tomaten vor dem Kochen . Dies geht schnell, indem Sie kochendes Wasser darüber gießen.

GETRÄNKE.

BOSTON CREAM. (Ein Sommergetränk).
FRAU W. FRASER.

Machen Sie einen Sirup aus vier Pfund weißem Zucker und vier Quarts Wasser. Kochen Sie ihn. Wenn er kalt ist, fügen Sie vier Unzen Weinsäure, eineinhalb Unzen Zitronenessenz und das Eiweiß von sechs Eiern hinzu, das zu einem steifen Schaum geschlagen wurde. Füllen Sie ihn in Flaschen. Geben Sie ein Weinglas Sahne in ein Glas Wasser und fügen Sie ausreichend Soda hinzu, um es zum Sprudeln zu bringen.

Weinrote Tasse.
FRAU HENRY THOMSON.

Sechs Flaschen Bordeaux, eine Flasche Sherry, drei Weingläser Brandy, fünf Flaschen Sodawasser, Zucker nach Geschmack.

INGWER BIER.
FRAU DUNCAN LAURIE.

Ein Viertelpfund weißer Ingwer, zwei Unzen Weinstein, zwei Pfund weißer Zucker, Saft von zwei Zitronen, drei Gallonen heißes Wasser; eine Stunde kochen, heiß verkorken.

INGERETTE.
FRAU ALBERT CLINT.

Viereinhalb Pfund Hutzucker, eineinhalb Unzen Weinsäure, vier Unzen Ingwertinktur, eine Unze Capsicum-Essenz, zwei Tropfen Kassia. Geben Sie die oben genannten Zutaten in einen Topf, der zwei Gallonen kochendes Wasser fasst; ein Pfund braunen Zucker, der in einer Pfanne geröstet wird, bis er die Farbe von Kaffee hat, und fügen Sie dann die anderen Zutaten hinzu. Das kochende Wasser wird als letztes über die Zutaten gegossen. Rühren, bis sich der Zucker aufgelöst hat. Wenn es kalt ist, füllen Sie es in Flaschen, verkorken Sie es fest und stellen Sie es zur Verwendung weg. Der geröstete Zucker verleiht ihm eine schöne Farbe.

Ingwerlikör.
FRAU ERSKINE SCOTT.

Zehn Zitronen, eine Gallone Whisky, sechs Unzen Ingwerwurzel (zum Zerdrücken) und mit dem Whisky auf die Zitronen geben, nachdem man sie in Scheiben geschnitten hat, und drei Wochen stehen lassen. Dann nehmen

Sie fünf Pfund weißen Zucker, gießen drei Pint kochendes Wasser darüber und stellen es aufs Feuer, bis es geschmolzen ist . Wenn es kalt ist, gießen Sie es über die Zitronen, nachdem Sie sie abgeseiht haben, füllen Sie es in Flaschen und verkorken Sie es fest.

TRAUBENSAFT.

FRAU GEORGE LAWRENCE.

Auf zehn Pfund Weintrauben (Concord) zwei Pfund weißen Zucker, Weintrauben waschen, in einem Einmachkessel mit Wasser bedecken und dreißig Minuten kochen lassen, durch ein grobes Käsetuch abseihen, abkühlen lassen, Zucker hinzufügen, weitere zwanzig Minuten kochen und kochend *heiß in Flaschen füllen* , verkorken und mit Siegelwachs versiegeln.

TRAUBENWEIN.

FRAU EA PFEIFFER.

Nehmen Sie frische blaue Trauben, die Stiele müssen grün sein, zerdrücken Sie sie gut, geben Sie sie in einen Einmachtopf und erhitzen Sie sie (nicht kochend), seihen Sie sie ab, zuerst durch ein Käsetuch, dann durch ein Flanelltuch, geben Sie sie wieder in den Topf, zuckern Sie sie nach Belieben, bringen Sie sie zum Kochen, füllen Sie sie heiß in Flaschen, verkorken Sie sie gut und verschließen Sie sie. Habe es über ein Jahr aufbewahrt, ohne dass es zu Gärung kam. Original.

TRAUBENSAFT.

FRAU J. MACNAUGHTON.

Lesen Sie die Trauben sorgfältig durch und waschen Sie sie. Concord-Trauben sind angeblich besser geeignet. Geben Sie sie in einen Porzellankessel mit gerade genug Wasser, damit sie nicht ankleben. Wenn die Schalen reißen, nehmen Sie sie vom Feuer, gießen Sie nicht mehr als einen Liter auf einmal in einen Flanellbeutel und pressen Sie den Saft aus. Geben Sie fast halb so viel Zucker wie Saft hinzu und geben Sie die Trauben wieder in den Kessel. Wenn der Zucker vollständig aufgelöst ist und der Saft kocht, gießen Sie ihn in Dosen und verschließen Sie diese. Halbliterdosen sind besser geeignet; nach dem Öffnen kann der Saft je nach Geschmack mit Wasser verdünnt werden und bleibt an einem kühlen Ort mehrere Tage lang perfekt süß.

HIMBEERSÄURE.

FRAU GEORGE M. CRAIG.

Lösen Sie 140 Gramm Weinsäure in 2 Litern Wasser auf, gießen Sie dies in einer großen Schüssel über 6,5 kg rote Himbeeren, lassen Sie es 24 Stunden stehen und seihen Sie es ab, ohne es auszupressen. Geben Sie zu einem halben Liter dieses Likörs 650 Gramm weißen Zucker hinzu, rühren Sie, bis sich der Zucker aufgelöst hat, füllen Sie ihn in Flaschen, verkorken Sie ihn jedoch mehrere Tage lang nicht. Wenn er trinkfertig ist, ergeben zwei oder drei Esslöffel in einem Glas Eiswasser ein köstliches Getränk.

HIMBEERESSEN-ESSIG.

FRAU STUART OLIVER.

Mit Essig bedecken und etwa eine Woche stehen lassen, dabei jeden Tag umrühren. Dann die Früchte abseihen und zu jedem halben Liter ein Pfund Zucker hinzufügen. Etwa eine halbe Stunde lang kochen, bis es wie ein Sirup aussieht, in Flaschen füllen und verkorken, wenn es kalt ist.

ZITRONENSIRUP.

FRAU THOM.

Ein Pfund Puderzucker, ein Viertelpfund Weinsäure, ein Viertelpfund Soda, vierzig Tropfen Zitronenessenz. Letzteres dem Zucker hinzufügen und gut vermischen . Nach dem Trocknen durch ein Sieb passieren und in einer fest verkorkten Flasche aufbewahren. Ein Teelöffel reicht für ein Glas Wasser.

ZITRONENSIRUP.

FRAU FARQUHARSON SMITH.

Zwei Unzen Zitronensäure, eine Unze Weinsäure, eine halbe Unze Bittersalz , fünf Pfund weißer Zucker. Reiben Sie die Schale von drei Zitronen, den Saft von sechs Zitronen, drei Pint kochendes Wasser, wenn es kalt ist, fügen Sie das gut geschlagene Eiweiß von zwei Eiern hinzu, seihen Sie es durch ein Musselintuch und füllen Sie es dann in Flaschen.

ZITRONENSIRUP.

FRAU ARCHIBALD LAURIE.

Ein Liter Saft frischer Zitronen, nur die gelbe Schale von sechs Zitronen, ein Liter kochendes Wasser, vier Pfund weißer Zucker. 24 Stunden stehen lassen. Wenn es sich nicht vollständig aufgelöst hat, bei schwacher Hitze schmelzen. Durch einen Geleebeutel filtern und fest verkorkt in Flaschen füllen. An einem kühlen Ort drei Monate haltbar.

KOCHEN FÜR KRANKE.

NÄHRENDE CREME FÜR REKONVALESZIERENDE.
FRAU BLAIR.

Schlagen Sie das Eigelb von vier Eiern, drei Esslöffel Zucker, die Schale (leicht gerieben) und den Saft einer Orange oder Zitrone. Fügen Sie dem Eiweiß einen Teelöffel Puderzucker hinzu und schlagen Sie die Masse steif. Stellen Sie das Gefäß mit dem geschlagenen Eigelb in einen Topf mit kochendem Wasser und lassen Sie es unter ständigem Rühren leicht kochen. Wenn es anfängt, dickflüssig zu werden, rühren Sie das Eiweiß unter, bis es gut vermischt ist, und stellen Sie es dann zum Abkühlen auf den Herd. In kleinen Gläsern servieren.

RINDFLEISCHTEE FÜR INVALIDITÄTEN.
FRAU W. COOK.

Ein Pfund mageres Rindfleisch und ein Pfund Kalbfleisch, klein geschnitten, und in ein Gefäß mit breiter Öffnung geben. Zwei Weingläser kaltes Wasser oder Wein, einen Teelöffel Salz und, wenn gewünscht, etwas Muskatblüte darübergießen. Das Gefäß gut verkorken und eine Trinkblase darüberbinden. Das Gefäß in einen tiefen Topf mit kaltem Wasser stellen, das den Korken nicht bedecken darf. Vier Stunden oder länger langsam kochen lassen und durch ein Sieb passieren. Ein Esslöffel davon entspricht einer Tasse normalem Rindfleischtee.

KALBSFUß -GELEE.

Bereiten Sie Ihren Vorrat aus Kalbsfüßen und zwei Ochsenfüßen zu. Wenn er sehr fest ist, fügen Sie einen halben Liter Wasser, den Saft von vier Zitronen und die Schale von zwei Zitronen, fünf Eier mit Schale und allem, gut geschlagenes Eiweiß, eine Unze Zimt, eine Unze Gewürznelken, Zucker nach Geschmack, etwa eineinhalb Pfund und eine Flasche Sherry hinzu. Geben Sie alles in die Pfanne und rühren Sie gut um. Lassen Sie es ein oder zwei Minuten kochen und gießen Sie dann eine Tasse kaltes Wasser hinzu, decken Sie es zehn Minuten lang gut zu, schöpfen Sie den Schaum ab und lassen Sie es durch den Beutel laufen.

Brei.
FRAU SMYTH.

Eine große Tasse Haferflocken mit kaltem Wasser bedecken, gut umrühren und einige Minuten stehen lassen. Absehen und dem abgesiebten Wasser noch etwas kochendes Wasser oder die Hälfte Milch hinzufügen. Umrühren, bis es kocht. Fünf Minuten oder länger kochen. Vor dem Servieren etwas Salz, Zucker und Muskatnuss hinzufügen.

GEBACKENE ZITRONE GEGEN EINE ERKÄLTUNG.
FRAU SEPTIMUS BARROW.

Geben Sie einen Teelöffel davon in die Tasse. Backen Sie eine Zitrone, bis sie weich ist, entfernen Sie das Innere vollständig und vermischen Sie es mit so viel Zucker wie möglich, seihen Sie es ab und lassen Sie es abkühlen, bis es geliert.

BREAD, BRÖTCHEN, KRAPPEN.

BOSTONER SCHWARZBROT.
FRAU RICHARD TURNER.

Eine Tasse Graham-Mehl, eine Tasse Maismehl, eine Tasse Weizenmehl, eine große Tasse Rosinen, ein Teelöffel Backpulver, eine halbe Tasse warmes Wasser, eine Prise Salz. Vier Stunden dämpfen: schön in Scheiben geschnitten und gedünstet zum Frühstück.

VOLLKORNBROT.
FRAU R. STEWART.

Eine Tasse Graham-Mehl, eine Tasse Weizen, eine Tasse gelbes Maismehl, eine Tasse süße Milch, eine halbe Tasse Melasse. Eine Prise Salz und ein Teelöffel in Milch aufgelöstes Backpulver. Das Mehl mischen, die Melasse einrühren, dann die Milch und das Soda. Drei Stunden dämpfen.

SELBSTGEMACHTES BROT.
FRAU FRANK GLASS.

Weichen Sie einen Hefekuchen in einem Liter Wasser ein, geben Sie dann sechs Pints Mehl und zwei Teelöffel Salz hinzu. Lassen Sie ihn über Nacht an einem ziemlich warmen Ort stehen. Am Morgen mischen Sie ihn mit einem weiteren Pint Wasser und drei Pints Mehl. Lassen Sie ihn etwa eine Stunde stehen, kneten Sie ihn dann gut und formen Sie Brotlaibe, die Sie eine weitere Stunde stehen lassen oder bis sie gut aufgegangen sind. (Brötchen werden aus einem Teil des Biskuits gemacht.) Nehmen Sie einen Teil des Biskuits und geben Sie zwei Teelöffel Butter und ein Ei hinzu.

TEEKEKSE.
FRAU HYDE.

Ein halber Liter Mehl (dreimal gesiebt), ein Teelöffel Weinstein, ein halber Teelöffel Soda, zwei Teelöffel Zucker, eine Prise Salz, ein Esslöffel Schmalz oder Butter, mit Milch angefeuchtet, und Eigelb.

TAFFY-BRÖTCHEN.
Fräulein MW Zuhause.

Machen Sie einen guten Keksboden, rollen Sie ihn ziemlich dünn aus und bestreichen Sie ihn mit der folgenden Mischung. Dreiviertel Tasse brauner Zucker und eine Vierteltasse Butter vermischen, bis eine glatte Masse entsteht, rollen Sie ihn wie ein Rollgebäck auf, schneiden Sie ihn in etwa 2,5 cm dicke Scheiben und backen Sie ihn in einem ziemlich heißen Ofen.

SPANISCHES BRÖTCHEN.

FRAU THOM.

Eineinhalb Tassen Zucker, vier Eier, das Eiweiß von drei Eiern für die Glasur auslassen, drei Viertel einer Tasse Butter, eine Tasse Milch, ein Esslöffel Zimt, ein Teelöffel Ingwer, eine halbe Tasse Muskatnuss, zwei Tassen Mehl, drei Teelöffel Backpulver. In einer gut gefetteten flachen Form backen . Glasur. Nehmen Sie drei Eiweiße von drei Eiern und schlagen Sie sie zu einem steifen Schaum, fügen Sie dann eine Tasse hellbraunen Zucker hinzu, verteilen Sie dies, während der Kuchen noch heiß ist , geben Sie es wieder in den Ofen und lassen Sie es bräunen.

Französische Rollen oder Twists.

Fräulein Lampson.

Ein Liter Milch, ein Teelöffel Salz, eine kleine Tasse Bierhefe, genug Mehl, um einen steifen Teig zu machen. Aufgehen lassen und wenn er sehr locker ist, ein Ei und zwei Löffel Butter unterrühren und Mehl unterkneten, bis er steif genug zum Ausrollen ist. Nochmals aufgehen lassen und wenn er sehr locker ist, ausrollen, in runde Stücke oder Zöpfe schneiden oder in jede beliebige Form bringen. NB: Das Ei und die Butter können weggelassen werden .

BUTTERMILCH- SCONES.

FRAU FRANK LAURIE.

Ein Liter Mehl, zwei Teelöffel Weinstein und einer Backnatron, ein kleines Stück Butter in der Größe eines Eies und ein Teelöffel Salz; die Butter mit den Händen gut in das Mehl einrühren, Salz und Backpulver beim Sieben in das Mehl geben und genügend Buttermilch zum Andicken hinzufügen. In einem mäßig heißen Ofen backen.

GRAHAM-MUFFINS.

MADAME JT

Eine Tasse Graham-Mehl, eine halbe Tasse normales Mehl, dreiviertel Tasse Milch, zwei Esslöffel Zucker, ein großer Teelöffel Backpulver, ein großer Esslöffel Butter, ein geschlagenes Ei und Salz.

MUFFINS.

FRAU GILMOUR.

Butter in der Größe eines Eies, ein Esslöffel Zucker, ein Teelöffel Salz, zwei Kartoffelpüree, eineinhalb Tassen lauwarmes Wasser oder Milch, ein Stück Hefe, genug Mehl, um einen steifen Teig zu machen. Über Nacht gehen lassen und am Morgen in gebutterte Ringe füllen; erneut gehen lassen, bis die Ringe voll sind, dann im Ofen bei niedriger Temperatur backen.

MUFFINS.
FRAU HENRY THOMSON.

Zwei Tassen gesüßte Milch, vier Tassen Mehl, zwei Eier, zwei Esslöffel geschmolzene Butter, vier Teelöffel Backpulver und eine Prise Salz.

POP-OVERS.
FRAU FARQUHARSON SMITH.

Eine Tasse Mehl, eine Tasse Milch, drei Eier und eine Prise Salz: Die Eier gut verquirlen, zur Milch geben und das Mehl unterrühren; die Mischung sollte die Konsistenz von gutem Vanillepudding haben. Fetten Sie die Formen gut ein, bevor Sie den Teig hineingeben; geben Sie nicht mehr als einen Esslöffel in jede Form. Der Ofen sollte sehr heiß sein, dann brauchen die Pop-Overs nur zehn Minuten zum Backen.

POP-OVERS.
Fräulein M'GEE.

Drei gut verquirlte Eier, einen Esslöffel geschmolzene Butter und etwas Salz hinzufügen, diese Mischung über eine Tasse Mehl gießen und so viel Milch hinzufügen, dass ein dünner Teig entsteht.

JOHNNY-KUCHEN.
FRAU STUART OLIVER.

Ein halber Liter saure Milch, ein Teelöffel Soda, ein (gutes) Ei, Butter in der Größe eines Eis, zwei Esslöffel Zucker, jeweils etwa zwei kleine Tassen Mehl und Mehl (um einen dünnen Teig herzustellen).

MÜRBIGER KUCHEN .
FRAU RM STOCKING.

Ein halber Liter Mehl, eine Tasse saure Sahne, ein kleiner Teelöffel Soda, drei Eier.

Shortbread.

FRAU W. REID.

Legen Sie zwei Pfund gesiebtes Mehl, ein Pfund Butter (wenn gesalzen, waschen) und ein halbes Pfund Zucker auf ein Backbrett. Diese Menge reicht für vier Kuchen. Alles gut durchkneten und, wenn alles gut vermischt ist, einen halben Zoll dicke Kuchen formen, den Rand zusammendrücken und mit einer Gabel überall einstechen, etwas Confit in die Mitte geben und dann ein Blatt steifes Papier unter jeden Kuchen legen, auf das Backblech legen und in einem Ofen bei mittlerer Hitze backen.

MANDEL-MÜRBEGEBÄCK.
FRAU W. COOK.

Ein Pfund gemahlene süße Mandeln, acht Unzen Zucker, acht Unzen gesiebtes Mehl, acht Unzen gute Butter. Die Eigelbe von acht Eiern, etwa acht Tropfen Ratafia-Essenz. Achten Sie zunächst darauf, dass die gemahlenen Mandeln frisch sind. Mischen Sie sie mit dem Mehl und dem Zucker und geben Sie dann sehr, sehr vorsichtig einige Tropfen Ratafia-Essenz hinzu. Alles gründlich vermischen. Machen Sie in der Mitte eine Lücke und geben Sie die Eigelbe hinein. Dann schmelzen Sie die Butter, geben Sie sie hinzu und vermischen Sie alles, bis eine schöne, feste, steife Paste entsteht. Diese sollte nun sehr oft ausgerollt werden ; man kann nicht zu viel rollen. Wenn sie ausreichend ausgerollt ist, um wie ein Streifen cremefarbenen Satins mit einer Dicke von einem Viertel Zoll auszusehen, schneiden Sie sie mit einem scharfen Messer in kleine Quadrate. Drücken Sie die Ränder jedes Quadrats zusammen und legen Sie in die Mitte jedes Kuchens eine gespaltene Hälfte einer blanchierten Mandel. Buttern Sie die Backformen ein und backen Sie sie in einem mäßig heißen Ofen, bis sie eine schöne, blassgelbe Tönung haben. Diese sind köstlich und schmecken im Sommer besonders gut in Kombination mit Obst.

Schottisches Shortbread.
FRAU BLAIR.

Ein Pfund Mehl, ein halbes Pfund Butter, sechs Unzen Zucker ; Butter und Zucker schaumig schlagen, Mehl hinzufügen. Zu einer glatten Kugel rollen und bis zu einer Dicke von einem halben Zoll kneten, was für einen Anfänger ziemlich schwierig ist, da die Ränder leicht brechen; aber man hat den Kniff schnell gelernt und je häufiger man daran arbeitet, desto besser. Mit einem kleinen Spieß einstechen, mit großen Kümmelstückchen bestreuen und langsam backen, bis die Masse hellbraun ist.

GEBACKENE BANANEN.
FRAU GEORGE ELLIOTT.

Nehmen Sie sechs Bananen, schälen Sie sie und tauchen Sie sie in geschlagenes Eiweiß, dann wälzen Sie sie in Semmelbröseln. Braten Sie sie in Butter goldbraun. Legen Sie sie auf eine Platte, träufeln Sie Zitronensaft darüber und sieben Sie auch ein wenig Zucker.

GEBRATENE APFELSCHEIBEN.
FRAU HARRY LAURIE.

Drei saure Äpfel, zwei Eier, eine Tasse Milch, ein Teelöffel Salz, etwa eineinhalb Tassen Mehl, ein Teelöffel Backpulver. Die Äpfel schälen und entkernen, in Ringe schneiden, mit Zucker und Zimt bestäuben und zur Verwendung beiseite stellen. Eier ohne Trennung schaumig schlagen, Milch, Salz und ausreichend Mehl hinzufügen, um einen weichen Teig zu erhalten; gut schlagen und das Backpulver hinzufügen; erneut schlagen; Eine tiefe Pfanne mit Schmalz sehr heiß bereitstellen, jeden Apfelring in den Teig tauchen, in das Fett geben und braun braten. Heiß servieren, mit Puderzucker bestäubt.

FRANZÖSISCHE PFANNKUCHEN.
FRAU BENSON BENNETT.

Vier Eier, das Gewicht von vier Eiern in Butter, Zucker und Mehl, ein halber Teelöffel Soda, ein halber Teelöffel Weinstein. So viel Milch, wie für einen Teig reicht. Butter und Zucker zu einer Creme schlagen, die vier gut verquirlten Eier dazugeben und alle anderen Zutaten unterrühren. In Blechtellern backen.

SCHOTTISCHES HAGGIS.
FRAU ANDREW T. LOVE.

Kochen Sie einen Schafskäse eine Dreiviertelstunde lang in so viel Wasser, dass er bedeckt ist. Reiben Sie die Leber und hacken Sie Herz und Keule sehr fein. Hacken Sie zwei Pfund Zwiebeln und zwei Pfund Rindertalg, geben Sie drei oder vier Handvoll Haferflocken hinzu und würzen Sie mit Pfeffer und Salz nach Geschmack. Nachdem Sie diese Zutaten gut vermischt haben, geben Sie sie mit etwas Kochwasser in den Beutel. Öffnen Sie den Beutel gut, damit er nicht platzt. Er muss drei bis vier Stunden gekocht werden. Wenn Sie ihn also ein oder zwei Tage vor der beabsichtigten Verwendung zubereiten, ist es besser, ihn zwei Stunden nach der Zubereitung und zwei Stunden vor der Verwendung zu kochen. Der Beutel muss sorgfältig ausgeschabt und durch häufiges Waschen in Salzwasser gereinigt werden. Leber und Herz usw. sollten besser vorher gekocht werden, dann können sie leicht gerieben werden. Die Hälfte dieses Rezepts ergibt einen sehr großen Haggis.

Milton Keynes UK
Ingram Content Group UK Ltd.
UKHW042347121024
449589UK00004B/314